后浪出版公司

THE ULTIMATE TREADMILL WORKOUT

终极
跑步机
健身

精准跑步的乐趣

［美］戴维·西克（David Siik）著

商亚洲 魏 宁 译

江西人民出版社
Jiangxi People's Publishing House
全国百佳出版社

目录

导　言

更多燃脂，更少伤病

我要告诉你有关健身的一个最大的秘密，那就是：没有任何健身项目可以取代跑步。跑步是改善你的身体和生活的最自然、最有效和最可靠的方法。你可以花费你的余生来回避这一事实；你可以每天掏空你的钱包去寻找最新的趋势、捷径或者那些声称无需锻炼也能取得健身效果的夸张承诺；你可以每天早上起来对镜自赏，说服自己你会找到一种更加容易的减肥和强身的方法；或者你可以换一种方式，你可以看着镜子中的自己，深吸一口气，然后考虑开始真正的运动。你可以选择从跑步开始。

跑步是真实的，跑步是有效的，跑步是 250 万年来人类与生俱来的。人天生具有一些用于奔跑的特征，一旦没有这些特征，奔跑几乎不可能实现。就拿我们的臀部肌肉来说，在我们冲刺的时候，臀肌的作用不可或缺，臀部各部位肌肉的比例、大小和分布为我们提供着能量。提速训练可以使你的臀肌发挥它本身的作用。只要为臀肌提供一个好的训练环境，用不了多久你就会看到一个更翘、更结实、更饱满的臀部，这样的臀部地球上的每个人都希望拥有。

　　不仅仅是你的臀肌，据哈佛大学进化生物学家丹尼尔·利伯曼（Daniel Lieberman）所说，甚至我们人类脚趾的长度也是为了我们的奔跑而设定的。动物界中凡是善于奔跑的种类都具有很短的脚趾，这样可以保证脚趾不会被奔跑时产生的冲力折断。猎豹的脚趾就非常小，它是地球上奔跑速度最快的动物之一，而猩猩细长的脚趾使得它几乎不能奔跑。所以，如果下次你再说"我不擅长跑步"，那你可以尽力尝试用你长着细长指头的手走路——忘记你的腹部，让你的肚子就那么耷拉着吧；忘记你的臀部，因为你绝对不会再需要它了。你应该内心充满自豪感的接受自身善于奔跑的事实，你应该庆祝你长有短小精悍的脚趾，它们让你能够像猎豹一样快速奔跑，而不是像猩猩一样缓慢爬行。说起来其实蛮具有讽刺意味的，我们大多数人都希望自己能够拥有众人夸赞的腹部、完美的臀部、健美的身形，其实这些都可通过跑步这项最自然的运动获得，因为它们都是跑步运动的附带结果。

　　如果一个更加健康、更加性感的身体还不足以激励你跑步，那就让我告诉你一些以前你从来都不知道的关于跑步的情况。你想把自己死于患阿尔茨海默病的风险降低40%吗？我敢确定没有谁会说他不想。跑步是降低这一风险的有效途径，而不是靠每天多吃蔬菜、多喝椰子汁。2014年首次发表的在加利福尼亚州劳伦斯伯克利国家实验室开展的广泛研究表明，在所有参与研究的志愿者中，相比较而言，平均每周跑步15英里①的人患阿尔茨海默病的风险明显降低。本书中的跑步健身计划要求你平均每周跑步15英里是有科学依据的。当然，你必须下定决心开始你的跑步健身计划。

　　跑步机是世界上销量最大的健身器材。2014年，跑步机的销售额突破了10亿美元。跑步机如此热销的原因很简单，其他健身器材都没办法帮助你有效地提高跑步速度、达到惊人效果，而跑步机可以做到。像椭圆机、爬

———————————
① 1英里约为1.6千米。

楼机以及一些你根本不知道名称的机器，它们都在某一种特定的健身项目方面表现出色，相对跑步而言，它们减小了我们的身体负担。尽管没有人想让你知道这一点，但它们的确是被这样设计的。在这些机器上锻炼，你很难像跑步那样获得令人难以置信的健康收益和难以企及的燃脂量。跑步机是唯一一种兼具其他所有健身器械效用的机器，它能改变你的一生，这一点是其他健身器械无法做到的。更进一步说，跑步机是唯一一种进入你日常生活的健身器械。在短时间内，你不可能参加纽约城市马拉松。但是，如果你准备开始跑步，我可以让你感觉比以前更加有活力、有激情、有能量！我可以帮助你快速减肥，最终获得你一直梦寐以求的健美身材。并且我会给你展示如何以充满激情、均衡和有效的方式达到这些目标。如果你还没有做好跑步的准备，我相信读了这本书之后你会爱上跑步。跑步会上瘾，但它是最健康的一种瘾。本书并不会为你指明一条捷径，我不承诺本书中的训练方法是最容易的方法，但是我可以保证它绝对很有效。

《终极跑步机健身》这本书的撰写主要是为了做三件事。第一，本书将会向你展示如何以最安全、最有效的方式在跑步机上跑步。第二，本书会为你提供一种你在跑步机上从未有过的最令人难以置信的间歇体验。有了这本书，你现在就可以开展与我的健身课堂内容完全一样的跑步健身，你可以拥有与那些我执教过的明星和世界级运动员一样的训练指导。你会非常享受跑步健身，以至于你很难相信原来跑步机健身会如此充满乐趣。第三，相比你以前的设想，你会承受更少的痛苦，燃烧更多的脂肪。

在我看来，很多人都需要这本书来帮助他们追寻健康的生活，这些人里有你也有我。有的人把自家的跑步机放在地下室里吃灰，或者在跑步机上堆满杂乱的衣物；有的人每天都去健身房，站上跑步机，刚摁下跑步机开始按钮没几分钟就感觉到无聊乏味，然后就会像猴子掰包谷似的去尝试健身房里的椭圆机或者健身车，看看它们是否更加有趣；有的人花了大价钱报名参加健身房里的核心训练班，在心脏的加速跳动中怀疑这是不是最好的健身方式；甚至包括你，一个户外跑步推崇者，正在对着这本关于跑步机跑步的书翻白眼。以上列出的这些人我在日常生活中随处可见，我知道在现今的世界里，在如何使用跑步机方面，大家都没有一个一体化的指导教程，因此，我决定通过这本书来满足大家的这种需求。

十几年前我开始研究跑步机跑步和健身，当时我刚刚结束了自己颇有成就的 800 米短跑大学生运动员生涯，迫不及待地想在跑步和健身方面寻找新的突破。随着对跑步探索的深入，我越来越确定，跑步的世界里存在着一个认知漏洞。长时间以来，人们低估了适量跑步机训练的价值。随着跑步机健身训练班的涌现，早在十年前我就知道我们正在经历跑步机时代的崛起——机器的崛起。如果你还没有留意到这一崛起，那我可以担保这个时代真的已经来临。科技和创新前所未有地推动了跑步机健身，在这个大趋势中，我也意识到一个酝酿中的巨大问题，那就是大家对跑步机健身知识的匮乏。

正如在健康和健身领域经常出现的那样，所有的产品、想法和趋势都是出于对快速燃烧脂肪的迷恋。这正是我希望大家能拥有本书的原因所在。事实是，燃烧脂肪从不应该是跑步项目的核心目的，它仅仅是跑步健身的一个显著附带效果。如果你仅仅是基于燃烧脂肪设计出一个跑步机训练计划，那它就偏离了跑步这门科学的平衡原则，违背了跑步的精神实质。同时你创建了一个容易让人受伤、容易令人感到沮丧的环境，在这个环境下跑步，最终会断送你对跑步的热爱。关于跑步的一个不可否认的事实是，你会大量地燃烧脂肪，但前提是你必须以正确的方式跑步，无论你是在室外还是在室内跑步机上跑步。在跑步这门科学里，在漫长和复杂的跑步历史中，跑步机健身还是一个趋势，有关跑步机健身的理论和知识都很缺乏。我相信这是户外跑步一族从来不真正用跑步机跑步的主要原因。如果我参考户外跑步的有关知识专门为跑步机健身设计一套跑步方法，会有什么样的结果呢？结果就是一种符合跑步运动的精神并且安全有效的跑步机健身方法就此诞生，这一方法的诞生依赖于跑步机所具有的舒适、高效以及高科技含量的特点。

在我的整个职业生涯里，我一直在执教跑步机健身，同时一直在创造更好的跑步方法，让跑者可以在跑步机上获得完美的跑步体验。作为本书的作者，我是一位名副其实的跑者，更重要的是，我本人对跑步机了如指掌。得益于本人多年的研究、测试和执教经验，我开发出了均衡间歇训练法（Balanced Interval Training Experience，简称 BITE）。这是我作为出色跑者 25年经验的产物，是我对跑步这门科学持之以恒的渴求，是一种精心设计的跑步方法。均衡间歇训练法为间歇训练法提供了一种新的选择，这种方法可以保证在跑步机上跑步时受伤率最小，燃脂量最大，这是本方法的一大创新点。这种革命性的方法将跑步的科学性与跑步机独有的性能结合起来，帮助跑者进行安全、可靠、令人振奋且极其有效的训练。我想用这本书告诉你的是，喜欢上类似跑步一样经典、有效、自然的事物没有问题，但跑步方法多种多样，也要慎重选择。本书中提出的新跑步方法将跑步方面最好的科学研究成果与你自身与生俱来的跑步本能相结合，无论你是一位经验丰富的马拉松选手，还是一个初次尝试跑步的菜鸟，它都能够让你向达到和超过你的健身目标发起挑战。有了本书中的详细内容和精心安排的跑步机健身教程，关于跑步健身的一切都焕然一新。

你会发现，跑步与其他健身项目不同。我在全美各地举办过许多有关跑步的讲座和培训，我经常提醒大家一个非常重要的事实：如果让你除去有关健身的一切，所有的健身车、爬楼机、椭圆机、哑铃、跳绳，所有躺在你仓库某个盒子里的各种健身小玩意儿，所有你参加过的健身课程以及所有你学到的健身知识，到最后你唯一剩下的就是跑步。跑步是唯一的种子，整个健身的森林都是由这颗种子生长和发展出来的。经过了 250 万年，奔跑的基因已经根深蒂固地存在于我们人类的 DNA 中。行走和奔跑的能力使得我们人类在自然界中无往不胜。我们对这种能力有深入的学习和了解，应该尝试把有关人类这种本能的知识从自然界转移到跑步机上来。正因为这样，我为城市跑步的新时代创造了一种方法，这种方法能够成功地搭建一座桥梁，将有关跑步机健身的知识传递给大家。

或许你喜欢在家里的跑步机上跑步，或许你即使去健身房也不会多看跑步机一眼，抑或你已经报名参加了跑步机健身课程，无论你是以上哪种情况，本书都将完全改变你对于跑步机跑步的看法。本书包含可以改变人生的跑步机健身教程、从未分享过的贴心提示和激励，你将会拥有一本真正意义上的只针对跑步机健身的好书。因为跑步本身是一件很个人的事情，具有很强烈的个人感情色彩，所以我不仅会告诉你如何跑步，还会告诉你为何要跑步。我会跟读者分享我在成为一名跑步教练的途中，所经历过的最大的成功和最惨的失败，分享我的一次次跌倒和爬起，分享我经历过的得与失。

这本书不仅会教你一种更好的跑步方法，它还会鼓舞你，并最终提醒你，在追求健美的道路上，跑步是你所拥有的最有经验、最真实、最忠诚的伙伴。不需要什么借口，不需要任何器械，更不需要捷径，现在就把尘封在地下室里的跑步机擦拭干净跑起来吧！在这本书的帮助下，你最终会发掘出自己最大的跑步潜能。作为人类历史上最伟大的发明之一，跑步机将帮助你实现这一目标。现在是时候开始聪明地跑步了，以最少的伤痛获得最多的燃脂。让我们重新回到跑步上来，深吸一口气，下定开始跑步健身的决心，激活你的身体，点燃你的激情吧！

第一部分

掌握跑步机

第一章

均衡间歇训练法

最好的跑步机训练法应该能以对身体最轻微的冲击，在最短的时间内产生最明显的训练效果。这是为跑步机训练新时代开出的完美配方。你听说过很多关于燃脂效果和快速锻炼的说法，但你必须在实现燃烧脂肪和快速锻炼的同时，能够在跑步和体能训练方面长久保持。所有这些你都可以通过下面我将要介绍的方法做到，不会对你的身体造成任何损伤。

本书提出首例专门为跑步机训练设计的系统性方法。这种方法抓住了关于跑步的最重要真理：跑步本身的内容和设计往往是最重要的，至于在哪里跑，用了什么高科技或者去了如何新潮的健身房，这些都无关紧要。

跑步质量是跑步机训练最重要的因素。灯光、音乐、麦克风里尖叫的教练、新潮 APP，所有这些都会使跑步机训练锦上添花，但永远不会比跑步本身的质量更有价值。把创造完美跑步体验作为唯一目标的跑步机训练法才是最有效、最令人折服的。本书中提到的均衡方案和指导集合是我所知道的能达到"完美跑"的最佳途径。它会使你成为一个更加强壮的跑者，会让你体验最棒的脂肪燃烧，会为你的锻炼带来生机和意义，并且让你的身体付出的代价降至最小。就让其他人去关心那些无关紧要的方面吧，你关心的是将会伴随你一生的如何聪明跑步的问题。

由于以下四种原因，大家都在犹豫要不要在跑步机上跑步：

1. 不想花力气跑步。

2. 担心在跑步机上跑步对关节不好。

3. 在跑步机上感觉站不稳或者头晕。

4. 在跑步机上跑步太单调，感觉很无聊。

而另一方面，越来越多的人加入到跑步机跑步的行列，但是他们受到由跑步机跑步引起的伤病或平台期的折磨。在本书中，我们将会解决和消除这些担心，抛开原因不说，将要介绍给你的新跑步方法是一种秘方，它可以把你心中任何对跑步机训练的犹豫转变为兴奋，并且锻炼效果会好到令人难以置信。我曾经用同样的训练方法为社会名流、孕妇、职业运动员、八十多岁的老人以及二十多岁的田径运动明星们提供过训练指导。这种新方法并不要求你必须是一个跑步专家或者有经验的跑者，它可以改善你的身体状态、心理状态，最终，它会改变你的生活。

·什么是均衡间歇训练法·

均衡间歇训练法的原理是什么？均衡间歇训练法找到了短跑和长跑的最优中间地带。它的工作原理是以新给定的方式来挑战你的身体去使用跑步机训练的四个基本要素：

1. 间歇：经过数学理论计算制订的具有完美强度变化的分组跑。

2. 配速：前所未有的均衡速度概念，用正确的速度以更安全有效的方式来加强其他要素。

3. 坡度：新的基于科学的尺度，在坡度与速度间的限定关系下，增加最适量的斜坡跑。

4. 恢复：关于间歇跑间歇内如何休息的全新观点。

通过使用一种少见的冲刺和耐力间歇的循环，均衡间歇训练法将会为你提供一种具有惊人效果的最综合性的跑步机健身方式——只要你愿意尝试并将其运用到跑步机健身中去。

均衡间歇训练法利用一种革命性的准则来制订更安全、更均衡、更易实现的健身方法，这种健身方法和其他的所有间歇性训练相比，可以以最少的冲击获得同样的脂肪燃烧量。这种更加全面的健身方法创造了许多关于跑步机健身的指南和认识，它们正在改变我们在跑步机上的跑步方式。这种健身方法是第一种且唯一一种系统地均衡了所有跑步原则的跑步机健身方法。这可以使跑者更加安全地享受挥汗如雨的快感。

相比其他方法，这种新的跑步方法最重要的区别并不在于运动量，而在于跑步过程中各方面均衡的程度。这是一种真正意义上的力挽狂澜的方法，就算是初级跑者也会惊叹这种健身方法所带来的显著效果。

基本上来说，有两种形式的跑步机健身：

1. 高强度间歇训练

2. 稳态有氧运动

当你知道这两种形式的跑步机跑步实际上都不是跑步方法的时候，你可能会很惊讶。但事实的确如此。它们是一种主要基于心率而制订的关于运动的健康和心血管普适概念。骑自行车、举重、游泳、跳绳等都有高强度间歇训练形式。正是由于这一点，我才发现了帮助跑步机使用者的最大机遇。我们需要基于跑步本身，为跑者制订一种实际的跑步计划。这种计划需要基于数十年的科学研究，多年的个人经验、观察、测试和跑步机教学，并将它们结合起来以制订出最有效的跑步机健身方式。为了能给大家带来这种理想的健身方式，我制订了这一新的训练方法。从本质上来说，它是一种专门针对跑步机健身的间歇训练模型。本方法集合了高强度间歇训练和稳态有氧运动中最有益的方面，具体是通过一种严格根据跑步自身具有的各种原则、指导和极限而制订的跑步方案来实现的，而这些原则、指导和极限目前没有出现在高强度间歇训练或稳态有氧运动这类宽泛的定义中，因此均衡间歇训练法应运而生。这种跑步训练法很聪明，很平顺，它游刃有余地在其他各种跑步机训练方法中保持自己的平衡。利用这种方法我创造出了一种名叫 TreadFlow[①] 的健身方案，创造出了一种将会是你经历过的安排最合理而且最有效的跑步机健身方案。

如果刚刚这些听起来很复杂的话，那接下来我将向你展示本方法与其他的跑步机健身方法相比有多么明显的不同。当你想要尝试本书中的训练方法时，或者当你想要参加最新的跑步机健身课程的时候，理解本方法与其他跑步机健身方法的不同就显得极为有用了。请记住一点，均衡间歇训练法不是用来跟其他跑步方法做比较的。本方法根植于科学研究和跑步常识，它的目的是来成就一位更加训练有素的跑者。就像我们生活中的所有事物所证明的

---

① 在本书中用 TreadFlow 这个术语来表示不同跑步训练方法各自独特的训练节奏。数学上的合理均衡和一连串的间歇训练创造出一种流（flow），也使得跑步健身的各个训练环节具有内在的合理强度。你或许不太懂每项训练中所包含的公式，但你的身体一定可以感觉到这种流的存在。——作者注

一样，知识才是我们所能拥有的最有力的工具。让我们从间歇训练说起。或许大家都想知道两个问题：与高强度间歇训练和稳态有氧运动这两种训练方法相比，均衡间歇训练法到底有哪些不同的地方？均衡间歇训练法如何在更短的时间内，以更小的身体负荷，通过更加有趣的方式帮助大家实现自己的健身目标？如果我们把间歇训练的强度分为 1~5 级，那么找到以上两个问题的答案就变得很容易。

高强度间歇训练（冲刺跑）

高强度间歇训练基于强间歇训练和快速的恢复，近些年来它已经成为一种最流行的减肥方法。高强度间歇这一观念在健身业界得到深远的传播。虽然我不否认这种高强度间歇方式用于减肥方面的有效性，但是每当看到高强度间歇被错误地应用在跑步训练方面时，我都会感到很揪心。如果你打算利用跑步机把自己变成一位更优秀的跑者，拥有更加健美的身材，更加强健的身体，那么一套均衡而又完善的跑步健身计划对你来说就显得非常必要，这可以确保你跑步健身的安全有效性和可持续性。

什么是跑步健身训练强度的 1~5 级呢？所谓 1 级就是感觉很轻松，像以 4mph① 慢跑那样。5 级就是以最大的身体负荷进行冲刺跑，速度在 9mph 以上。如果你跑步训练时一直保持在最高的第 5 级，这意味着你一刻不停地在你身体上施加了最大的冲击力。我敢保证如果你真的这么干，你会被累垮掉，更糟的结果是你将面临一些本可以避免的伤痛。

5+5=10

---

① 速度计量单位，表示英里 / 小时。1mph 约为 1.6 公里 / 小时。

稳态有氧运动（长跑）

稳态有氧运动通常被看作是长跑的一种形式，它要求跑者在很长的距离上保持恒定不变的平均速度，无需任何恢复过程。从 5 级训练强度的角度来分析，在仅仅 1 级的跑步强度下，我们需要多花费相当长的时间才能获得同样的健身效果。我相信这是最低效的跑步机健身方法，主要的原因是这种跑步健身方式太单调了，这无疑会导致跑步机跑步的最大问题——厌倦。而且事实也已经证明，稳态有氧运动的确是最低效的一种跑步减肥方式。和其他大多数教练一样，我从不建议大家通过诸如马拉松那样的长跑训练来减肥。对于你的第一次马拉松或者铁人三项来说，长跑训练的确起到至关重要的作用，它能帮助你迎接和享受即将到来的马拉松或者一路风景如画的越野跑，但它绝对不会是你减肥的最省时高效的途径。

$$1+1+1+1+1+1+1+1+1+1=10$$

均衡间歇训练

均衡间歇训练法用精心安排的间歇训练取代那些毫无意义的跑步里程，它里面包含了一套为跑步机健身量身打造的指南和准则。本方法中的间歇训练具有较大的强度，这一点确保了减肥的有效性。得益于独有的均衡配比，均衡间歇训练法降低了人体需要承受的健身负荷和运动伤痛。这不仅会让你保持身体强健，更会让你长久享受那种从头到脚的爽快感。均衡间歇训练法所创造出的流，每个人都能立刻感受到。同健身中的其他关键要素一样，均衡训练至关重要，如果忽视了均衡，那早晚会付出一定的代价。因为均衡间歇训练法结合了冲刺跑和长跑在训练爆发力和提高耐力方面的优势，自然而然地介于短跑与长跑之间，给出了一种构建间歇训练的新方式。弥足珍贵的是，均衡间歇训练法是唯一一种具有数值体系的完美跑步健身方法，这一数值体系被专门用于控制跑步强度的逐级增加。在后面有关坡度、速度、时长和恢复这四个变量的几章里，本书会为大家讲解这一数值体系。这四个变量合起来构成了最终的 TreadFlow。

以 1~5 分级的方式来看，你会发现总的运动量并没有减少，而是转移到整个跑步训练的其他地方了。

1+2+3+4=10

采用均衡间歇训练体系，能保证你跑步健身有足够高且又不过分的运动强度，你依然会有时间让你的身体得到恢复，但恢复时间并不是任意长度，而是经过严格计算得到的。

作为一种比高强度间歇训练更完整、更均衡的跑步健身方法，均衡间歇训练法的实现靠的是跑步训练安排的周全性，这种周全性是建立在一套成熟的测试评判指南之上的。均衡间歇训练法可以降低我们由于盲目跑步而受伤的风险，有了这种方法，我们完全可以放心大胆地跑步。间歇训练的设计需要从整体和数学方面做考量，这使得间歇训练充满挑战且极为有趣。你将会感受到均衡间歇训练中内在的那种流，并会爱上它。

在接下来的章节中，我将会给大家分享这些指南，它们覆盖了跑步机健身的所有主要部分。无论你是在家里参照本书进行跑步锻炼，还是参加跑步机健身训练班，有了本书教授的跑步知识，你将会成为一名聪明的跑者。在接下来的几章中，你将会学到许多有关均衡间歇训练法各组成部分的重要知识，现将它们中的一些列举如下：

·在适当的速度下，跑步机的完美坡度该如何设定？

· 如何安全有效地提高跑步速度？

· 间歇训练的完美时长是多少？

· 主动恢复为何重要？

　　跑步的相关科学理论和跑者的实际经验两者相互补充又相互加强，你可以参考这两方面的知识来开始你的间歇训练。间歇训练经过专门计算，它不仅可以使你在跑步健身方面取得成功，更重要的是，它会让这种成功长久保持。在跑道上冲刺跑，在户外小路上长跑，在跑步机上做均衡间歇训练，这种方法已然成为我个人跑步永葆活力的源泉，使我的身体变得非常健康、充满能量，更重要的是，这种方法使我免受伤病的困扰。一次次的犯错与成功，一次次的试验与发现，回顾一路走来的种种，我十分激动。因为采用了这种新的均衡且更可持续的跑步机跑步方法，《终极跑步机健身》这本书会为每一位跑者带来改变。这种方法会帮助你释放身体，点燃激情，让你保持兴奋，最重要的是，让你变得比你想象的更加强健。

本章关键点

- 均衡间歇训练是最均衡的跑步机间歇训练方法。

- 均衡间歇训练创造了一种有趣且吸引人的流畅跑步体验 TreadFlow。

- 均衡间歇训练是一种全新的减轻跑步负荷和伤痛，同时不影响减肥效果的跑步方法。

- 均衡间歇训练介于长跑和短跑之间。

第二章

跑步机基础

全世界的人正在以前所未有的热情涌向跑步机，或许你听说过一些有关跑步机课程和健身房的宣传，或者你见到过众多为跑步机健身而设计的 APP 中的某一个。跑步机所具有的科技和创新恰恰与我们的需求相冲突，因为我们想要的是真正有健身效果的基本运动。实际上，许多人都比较排斥跑步机，大家回避跑步机的首要原因是不知道一旦站上跑步机该做些什么。另外有些人本身会讨厌在跑步机上跑步，或者担心在跑步机上跑步到底有没有好处。大家对跑步机的种种反应我都很能理解，而我的工作就是帮助大家突破这些心理障碍。当读完这本书的时候，你不仅会对跑步机健身有一个全新的看法，而且也会开始享受在跑步机上跑步。最终，你会发现一种最高效、最真实、最安全的跑步健身方法，它会使你的身材更加健美，生活更加健康。

在你开始室内跑步之前，你需要知道跑步机的工作原理。跑步机健身有四项无可替代的优点，这些是其他跑步环境所不具有的：

1. 省时高效。
2. 更小的关节冲击。
3. 更小的环境压力。
4. 数据收集。

接下来，让我们看看这几种特有的优点会为我们的跑步健身带来些什么。

更短的时间，更大的运动量

室外间歇跑富有挑战性，费时且很难制订计划。跑步机的美妙之处在于它是一个强大的计算机，它可以为你提供一种可靠且有效的健身体验，它是一个老实巴交的机器，它不会欺骗你。一旦你在跑步机上输入速度和坡度，跑步机就会根据你的指令接管你接下来的整个跑步过程。有了跑步机的得力协助，你会在更短的时间内获得更多的运动量，从而更快地获得健身效果。

坦白来说，我们每天都在为生活而奔忙，都想在有限的健身时间内获得最好的健身效果。这正是我选择跑步机健身的最大原因。跑步机健身并不是什么捷径，它能保证真实的跑步运动量，只是用时更短罢了。在消耗热量方面，没有哪种有氧运动能比跑步更有效。有了跑步机的帮助，你会通过令人难以置信的全身运动燃烧掉更多的热量。本书的大部分跑步计划都在30分钟以内，尽管看起来好像在跑步机上待的时间不算太长，但是在这段时间内你能完成的运动量是巨大的。跑步机可以帮助你快速完成一天的跑步健身任务，这样一来，你就有更多的时间做其他的事情了。

关掉视频

如果跑步机对于你来说是一种全新的事物，那有些问题对你来说就会显得有些棘手，比如哪种跑步机最适合自己，甚至怎样使用跑步机。不用担心，只要你会使用手机，你就能学会使用任何类型的跑步机。跑步机上最显眼的部分就是显示器，大多数显示器上显示着速度、坡度、里程和时间，有的也显示心率或消耗的热量。如果你正准备在健身房挑选一台跑步机，我建议你离那些显示器具有视频播放功能的跑步机远远的，或者在跑步过程中关掉显示器上的视频播放。在跑步过程中看视频跟发一封电子邮件一样，会大大转移你的注意力，千万别这么干。如果你专心跑步，你会更快地达到需要的运动量。一般来说，你基本不用设置跑步机，除非你选的跑步机是刚刚摆出来的。你只需要站上跑步机，启动它，然后动起来。

在启动跑步机之后，熟悉跑步机上的每个按钮对你来说很重要。大部分跑步机的速度控制按钮在右手边，坡度控制按钮在左手边。跑步机上各种按钮的布局经常各不相同，而且新型的跑步机上有两套按钮，触摸显示屏和跑步机上各一套。不管怎样，你都必须熟悉各种按键的位置。

在开始快跑之前，你需要先对跑步机跑步感到舒适。跑步机跑步的确会发生事故，但通常都是由错误使用导致的。如果你第一次使用跑步机或者对跑步机还不太熟，你可以到跑带两旁的踏板上，然后把跑步机调回到行走模式。如果在跑步机上出现什么状况，避免受伤的最快速最安全的方法是站到跑带两旁的踏板上。要知道每个跑步机上都设有紧急停止按键，尽管很少有人会用到它。大多数紧急制动夹能夹到你的衣服上，这样当你在跑步机上真的快要跌倒时，会触发制动片从安全端口拔出，使跑步机紧急停止运行。不用太担心，在跑步机上发生意外的概率是非常小的。我执教过好几千名学生跑步机健身，只经历过两次跌倒事故，而这两次事故都是由学员的不规范操作导致的。

低冲力平面

如今市面上的跑步机不仅能使训练更高效，而且对人体关节也有很好的保护作用。像人行道和街道这类坚硬的平面几乎没有什么减震能力。不幸的是，最坚硬的表面之一混凝土地面几乎无处不在。在每周的工作和生活中，我们根本没有时间去寻找一个对膝盖损伤小的室外跑步环境。你家中或者健身房里的跑步机可以为你提供一个具有很好减震效果的跑步环境。有了跑步机，你就可以不用在坚硬的路面上跑步了，你将会成为一名更强健的跑者。

尽管相比人行道，跑步机表面的冲力更小，但是市面上的跑步机种类太多了。几乎每台跑步机上都有一套传统的跑带系统。当你在健身房挑选跑步机的时候，你当然希望你选的跑步机是最稳定的。许多跑步机的四个脚是可以调整的，通过人为调整可以保证跑步机与地面平行。当你开始在跑步机上行走时，如果感觉它左右晃动，我建议你换一台跑步机。当你把家里落满灰尘的跑步机收拾干净后，先测试一下，如果出现左右晃动的情况，你可能需要调整一下跑步机的几个脚，或者你需要把跑步机搬到更平稳的地面上。当你在跑步机上运动时，跑步机的坚实平稳很重要。如果说地面本身就不平整，那上面的跑步机一定会前后左右乱晃。这就跟一些餐厅里烦人的桌腿一样，除非你往桌腿下垫点东西，要不然它会一直晃。

如果你准备买一台新的跑步机——我认为这是一项很好的投资，你最好能去销售门店里亲自试一试，在许多出售跑步机的体育用品店里都有供顾客体验的展示样机。再强调一遍，我给大家的建议是把跑步机的结实耐用性放在第一位，那些感觉不结实不沉稳的跑步机最好别买。当你体验过结实稳固的跑步机之后，你会立马理解我的良苦用心。不同品牌的跑步机价格相差很大，在购买的时候要根据自己的支付能力量力而行。跑步机并不是越便宜质量就越差，它基于具体的用途制造，不同用途的跑步机配置会相应有所不同。如果你知道自己永远也不会以 10mph 以上的速度冲刺跑，那就没必要购买那些配备着能实现 15mph 速度电机的跑步机，有电机配置较低的跑步机供你选择，它完全能够满足你的需求。经常有人跟我说："戴维，我没有足够的跑步机健身经验，我不知道跑步机结实稳固是一种什么感觉。"到底不同种类的跑步机感觉起来有什么不同？就跟要买一双好鞋一样，到底哪种跑步机才是自己想要的？这些问题一直困扰着大家。

我要告诉大家的一件事情是：不要太在意跑步机上那些花哨的附件。假如你看到的两台跑步机感觉起来都很不错，而其中一台因为它配备有喷雾风扇和杯托而价格昂贵很多，那你应该省点钱买另外实惠的一台。如果你打算频繁地使用跑步机，同时你的家人也有人要在上面跑，那我建议你多花点钱买一台商用级的跑步机，当然必须以量入为出作为前提。最后看看质量保证书和用户评价，如果跑步机的确很好，那购买者是很乐意表达他们的满意的。通过这种途径你会学到很多关于跑步机的知识，这是一项很划算的投资。跑步机的质量保证书很标准，但比较各跑步机的质量保证书是一种很明智的做法，因为和其他机器一样，跑步机将来也需要一些修理维护。

无论你是自己买跑步机，还是在健身房的跑步机上跑，你都向跑步机健身的正确方向迈出了坚实的一步。需要大家注意的是，尽管跑步机只能减小一点点施加在你关节上的冲力，但这一点点改变对你的整体健康至关重要。跑步有很多好处，随着年龄的增长，正确的跑步方式会帮助你的骨头和关节保持强健。有关跑步的科学理论一直在帮助我们把施加在关节上的冲力维持在健康合理的范围内。不是跑步让你的膝盖受伤，是不跑步让你的膝盖受伤！建议把这句话印在你的 T 恤上，因为它符合大多数人的情况。

把有关跑步的谣言放在一边，我们来看看那些证明跑步益处的统计数据。许多研究发现，坚持跑步的人中患骨关节炎和进行过髋关节置换手术的比例明显低于走路健身的人，这些研究中就包括劳伦斯伯克利国家实验室开展的大型研究项目。当然，这并不意味着如果你是一位走路健身者，就不能从间歇训练中获益。一个又一个的研究表明，跑者在上了年纪后骨密度维持在更高的水平。即使同游泳者和骑行者相比，跑者的骨骼也是最强健的。我可以写一整本书来提供证据，证明跑步对于在衰老过程中保持身体健康至关重要。跑步量太大或者跑法不当会对身体有害，这同生活中的其他事情一样。但是无论是现在还是将来，像本书建议的那样，以正确的方式进行适量的跑步运动是对你身体最有益处的事情。像跑步不利于身体健康这类借口早就没几个人相信了，那些还在相信的人这会儿也该清醒了。

健康的皮肤，干净的肺

　　跑者在户外跑步时，晒伤是他们必须面对的一个最棘手的环境导致的问题。越来越多的研究结果和信息告诫我们，要避免过度暴露在阳光下。户外跑者的皮肤会多年经受来自太阳光的折磨，在跑步机上跑就不用受这种罪，你不需被晒黑或晒伤，同样能够成为一位更好的跑者或感觉更健康。我鼓励大家去享受天气条件适宜的室外跑步，劝大家放弃户外跑步不是本书的目的，本书的目的是为那些需要在跑步机上跑步的人提供正确的、有价值的经验指导。虽然户外跑步很重要，但是它并不是我们跑步的唯一选择。当然，坦白来说，如果你想成为一名更好的跑者，户外跑无疑是最好的选择。如果你真心想改变自己，那就让跑步来帮你完成吧。用增强肌肉、燃烧热量的跑步机健身来均衡周末的越野跑是你最好的选择。再强调一遍，你必须下定决心真的这么做。

　　温度是每一位跑者必须考虑的问题。戴不戴帽子？要不要穿上热能保暖裤或外套？如果你跟我一样来自密歇根，为了从容地面对长达数月的寒冬，你还需要考虑要不要用上滑雪面罩、围巾、雪地摩托服、暖手宝和雪地鞋。在一天中的哪个时间段跑呢？夏天凉爽的清晨是不是比炎热的下午好一些？寒冷干燥的环境常常会冻伤你的皮肤，会在很大程度上阻碍你释放所有的运动潜能。在低温情况下，空气中的一些污染物，尤其是一氧化碳，不能被充分消耗，它们会笼罩在离地面不远的高度，刚好能够被我们通过呼吸吸入到肺里。许多人没有意识到当他们在寒冷的冬天跑步时，呼吸到的空气中的污染物含量要比在闷热的夏天高。室内跑步为广大跑者，尤其是患有哮喘或者其他呼吸疾病的人，创造了一个相当安全和舒适的跑步环境。想想光滑结冰的路面上遍布的各种危险吧！在北部的密歇根街道上，冷不防的一个屁股蹾是经常发生的事情，但在跑步机上你就不用担心这些。

那长达数月的寒冷冬天使得室内跑步机运动变成一种理性的选择，但它并不是做出这一选择的唯一原因。夏天弥漫在空气中的高温同样会对你的身体造成伤害。长时间暴露在高温的室外会引起体温升高，对身上的细胞造成严酷的摧残。在极其炎热的室外环境下跑步是非常危险的，尤其是对于那些没有经验的跑者，很容易发生中暑。我亲身经历过中暑，那可真是一件很糟糕的事情。对于炎热夏天的种种，跑步机完全可以应对。跑步机上跑步就有点像一直待在气候适宜的南加利福尼亚，无论你是在室温完美的健身房还是在家里，单单消除环境压力这一项就能使你更好地把注意力集中到你的跑步中，改变你看问题和想问题的方式。

追寻属于你的成功

与以往相比，我们生活在数据更易获取、记录和使用的数字时代，这对于跑者来说是件好事。我们要想获得最好的跑步健身效果，就必须执行经过精确计算的跑步计划。跑步机本身为大家提供了这种精确性，这正是我决定与著名的 Equinox 健身俱乐部合作来打造"精准跑步"这门课程的原因，这门课程是世界上最好的基于方法学的跑步机训练课程。Equinox 是前沿健身课程的开发和革新方面真正的领导者，因此这里是介绍本书中描述的跑步方法的最佳场所。

跑步机的数据收集功能对于精准跑步这门科学的应用至关重要。请记住，跑步机是一台大计算机，它对于你跑多快、跑多远、坡度设置并不会加以干预，而是会明确记录下你每秒钟都在做什么。有了这些信息，我可以制订内容充实、效果惊人的跑步健身方案。跑步机也可以在显示器上显示你个人的跑步成绩，并允许你为自己设定健身目标。其他跑步体验是无法像跑步机这样的，只需轻轻一点就能为你提供如此丰富的跑步数据。

如果你正在使用或者已经购买了一台新的跑步机，那你的跑步机上很可能配备有显示器甚至是触摸屏，花点时间去研究跑步机上的显示器，看看那上面都有哪些选项。许多跑步机允许你输入一到三种间歇速度用于快速起步加速，当你想要在你设定的某一速度上跑步时，只需要按下其中的一个按钮即可，不需要通过一直按加速按钮来设定跑步机速度了。跑步机上配备的显示器有很多种，我总是建议大家挑选时钟显示最大最清晰的显示器，它便于你随时看到你的跑步时间。如果你准备买跑步机而且你很看重跑步机显示器上的结果，那你最好看看那些显示器有 Wi-Fi 功能、可以连接你的智能手机的跑步机。在未来的几年里，跑步数据的获取和使用方式将会发生难以想象的进步，所以你要让你的跑步机做好与即将出现的各种产品连接的准备。

我并不是想在这里劝你使用跑步机，我是要教你使用跑步机的最好方法，并给你提供最好的跑步机健身体验。在所有的健身项目中，信心是成功的关键。我们要相信跑步机是增强我们对跑步这项运动的热爱的最好工具，是实现我们改变自己这一目标的最好机会。

本章关键点

- 你会用最短的时间完成最大的运动量。

- 通过跑步机显示器上的数据来更清楚地了解自身的健身状况，不要在跑步机上看视频。

- 在跑步机上跑步对膝盖的冲击力更小。

- 选择一台状况良好且运行平稳的跑步机。

- 室内跑步能减小环境对你的皮肤和肺造成的伤害。

- 跑步机是一台电脑，它是世界上最诚实的机器，能够让你精确地看到自己的跑步过程，制订精准的跑步健身计划。

第三章

坡度——亦敌亦友

斜坡是跑步机提供的最棒的一项功能之一，它也是跑步机训练中一项最容易被误解和误用的元素。学会正确使用跑步机斜坡能使你的跑步更完美，反之，则会使跑步充满挫败感，甚至有损身体健康。在斜坡跑时，速度过快或者时间过长都会导致你的身体产生严重损伤。针对斜坡跑时的速度、方法及跑步计划，本书给出了一种完美的解决方案。

重力这东西坏透了，它可不仅仅带来皱纹。

那是早在 2002 年 8 月炎热的一天，我开始对"坡度"肃然起敬。伟谷州立大学位于密歇根州大急流城附近，其历史悠久的滑雪坡是一条一望无际、令人生畏的斜坡。我们大学田径队就在这个坡上进行赛前训练。那天顺着这条长满青草、坑坑洼洼、满是泥泞的斜坡跑上去，是我自打运动以来离自己的身体极限最接近的一次。在此之前，从来没有什么能让我感到如此又爱又恨。我们一次又一次地组队在这道斜坡上奔跑，我们跑得很快，我们的股四头肌发热发酸。

尽管我总是能够完成我的跑步训练，但我知道其实斜坡才是赢家，并且多年之后，我意识到它会是永远的赢家。

但是斜坡可以使你变得异常强壮，它能消耗掉大量的热量。斜坡加大了你臀部和大腿上的运动量，让你的臀部变得翘而有形，给你两条令人美慕的大腿。我常常告诉大家，适当的斜坡跑能够给你一个小蛮腰和完美的臀部。在连续四年八月份的每个周一，那条滑雪道都让我筋疲力尽，上气不接下气。我永远也不会忘记第一次从这道斜坡望上去的感觉，那时我还是一个18岁的纯真少年。许多我闻所未闻的教练后来都来看我跑步，我朝着斜坡振臂一呼，向它宣告我一点都不怕它。那座山一直在嘲笑我的无知，只是我当时不知道。

十年之后，我发现我自己正在跑步机上跑另外一道斜坡，它与我大学的那座古老山坡隔了万水千山。当我在跑步机上进行斜坡跑的时候，突然之间，我的思维会穿越那座让我认怂的山坡上。我咬着牙，努力维持着正确的跑姿。我能闻到干草的味道，听到蚂蚱的叫声，我能想起那座山的每一处细节。然后，在镜子中看到自己的那一瞬间，仿佛是一道闪电把我从记忆中拉回到现实。我站到跑步机的踏板上，注视着镜子里疲惫的自己，我上气不接下气，背部疼痛，一个膝盖也感觉不对劲。我不禁自问：过去的十年都去哪儿了？正是在那一刻，我意识到我不再是一个18岁的少年，再也不用争取教练的欣赏，再也没有竞争对手。突然间，我悟出一个道理——有些东西必须要改变了。跑步并不是为了战胜谁，跑步的真正意义是保持健康。我必须开始想方设法以更聪明、更均衡的方式去征服那些山坡。

坦白地说，山坡确实不是什么善茬！生活中我们遇到的斜坡各种各样，有的跑起来费劲，有的根本就不是人爬的。我把有关斜坡的所有问题以及大家对斜坡的关注点列了一个清单，将这些与我的跑步经验和研究结合起来，开始寻找斜坡跑的真正答案。最终的结果是，我整理出可能是唯一的一套关于跑步机斜坡跑方法的详尽指导，它将"怎么跑"这一问题带到了一个全新高度。我把均衡间歇训练法中的斜坡跑准则视为秘方，它应用了跑步机健身中从未有过的限定和修正。

　　本书接下来给出的所有跑步方法中都会有适量的斜坡跑配额，每种跑步方法中的配额都是经过严格均衡和计算而得出的。均衡间歇训练法能给出与跑步速度相匹配的适量斜坡跑，匹配的比例很关键，斜坡跑的运动量必须与速度严格对应。这一兼顾速度与斜坡跑的跑步方针能够确保在身体负荷更小的前提下，从斜坡跑运动中获得最大益处。与均衡间歇训练法中的其他准则一样，我制订的斜坡跑运动计划包括数值、等级、以及易于理解且收效甚好的跑步形式。有太多的人由于错误的斜坡跑而持续承受伤病折磨，但是一旦正确地进行斜坡跑，他们都会成为成功的肥胖终结者。因此，我设计了这些准则来帮助大家从斜坡跑中获得更多的好处，同时减少各种不良后果。

·斜坡的影响·

　　近些年来，出现许多信息支持在跑步机健身中增加斜坡跑好处良多这一说法，这些好处中最受欢迎的是斜坡跑可以减小身体受到的冲力和制动力，它们是身体伤病的主要来源。

> 坡度减小膝盖的压力。

　　用最简单的方式来说，当你站上跑步机的那一刻，冲力就已经施加到你的身上，你开始正式跑的时候制动力就产生了。当平地跑时，冲力和制动力都存在，在下坡跑时，它们会显著增加，制动力对身体的影响最严重。2005 年，戈特沙尔（Gottschall）和卡拉姆（Kram）博士开展的名为"上坡跑与下坡跑过程中地面反作用力"的研究表明，与平地跑相比，9度下坡跑可以引起制动力增幅达73%。本质上来说，过快过长的下坡跑会给你的身体，尤其是膝盖，带来损伤，幸运的是，跑步机上并没有下坡，它这样设计是对的。

相对而言，上坡跑几乎能够消除冲力和制动力，对你和你的膝盖来说这无疑是一个好消息。在本书中，每种基于均衡间歇训练的跑步计划中都包含有占比在1%~5%的适量上坡跑。和众多的跑步机训练教程一样，我非常看重上坡跑在减小冲力和增大肌肉运动量方面的优势。但我的方法与其他跑步机计划、课程、训练法都不太一样，我将通过一个小秘密来带你进入我的方法。

我清楚地记得那天在结束了爬坡冲刺跑之后，我筋疲力尽地站在跑步机上的感觉。如果说上坡可以减小冲力，那为什么我浑身，甚至我的膝盖都感觉酸痛难受呢？我学习了我能找到的几乎每一种跑步机健身课程，意识到了两个极其明显的事实：第一，大家都以为既然上坡跑能够减小冲力，那肯定上坡跑越多越好。从各种杂志上读到的类似这样似是而非的说法甚至能误导专业跑步运动员和跑步教练。第二，各大公司痴迷于吹嘘热量消耗，他们不明白跑步是一项具有复杂科学内涵的古老艺术。跑步中的内容我们不能片面去理解，更不能滥用甚至人为篡改，如果这么干，毫无疑问会重燃我们心中本该被消除的对跑步的恐惧。

本书中我给出了一种相当切合实际的斜坡跑指南。当对跑步这项运动进行深入研究之后，我的众多有益发现与其他人的发现并没有什么差别，但有一项除外。当我们跑步时，在我们身上还有另外一种需要关注的力——推进力。简单来说，推进力就是驱动跑者向前的力。普通人能用向上500磅[①]的力蹬离地面，而一位专业的短跑运动员蹬离地面的力可达到1000磅。推进力与其他力不同的地方在于它并不会被斜坡减小。相反，之前的研究表明，上坡跑时推进力会有75%幅度的增加。在有关斜坡跑的内容里，推进力是

① 1磅约为4.45牛顿、0.45千克。

被漏掉的一项。发现这一点有重大意义，因为推进力是起跑所必不可少的。增加坡度意味着必须克服重力，一步一步地向上跑。

　　虽然斜坡跑毫无疑问会有更大的热量消耗，但凡事都有限度。坡度越陡，你身上的某些关节就越受不了，尤其是踝关节、髋关节以及下背部。举例来说，随着坡度越来越陡，膝盖与胸部之间的夹角会变小，你的下背部会保持在不稳的姿态。因为地平面不再与你的身体垂直，所以你的身体只有保持这种姿势才能保证你不会向后倾倒。跑得越快，你身体上感受到的推进力就越大，你也就离终身关节伤痛不远了。不要因为斜坡跑具有的优点就拼命在大倾角的斜坡上跑步，这正是在田径世界里，这种斜坡冲刺跑只在整个赛季的休整阶段开展的原因，选手们是不会一直在很陡的斜坡上跑的。基于多年的个人试验和观察，结合有关坡度与推进力之间关系的信息，均衡间歇训练法能够为你提供最重要的跑步机斜坡跑指导。

·坡度与速度的关系·

　　适当的速度配合适量的坡度，是的，就是如此简单，但这正是均衡间歇训练法为跑步机健身领域带来的最难能可贵的信息。考虑到各种风险因素和效率问题，对于占比小于5%的斜坡跑来说，在个人能力范围内的最高速度才是最合适的速度。这并不意味着更长时间的斜坡跑不重要，但需要根据科学的计算公式，在降低跑步速度的同时延长跑步时间。你将学会调整每次斜坡跑的速度和时间，以最小的身体负担获得最大的热量消耗。当以正确的速度进行斜坡跑时，那种感觉非常

> 不要以最快速度跑占比超过5%的斜坡跑。

美妙。请记住，均衡间歇训练法不会减少总的运动量，但它会把总运动量以更紧凑、更安全、更可持续的方式分摊开来。本书中的跑步方法严格遵守这一准则，绝不会要求你以最快速度跑占比超过 5% 的斜坡跑。以下是适用于一切跑步机健身的最优坡度 – 速度配比：

· 0~5% 坡度——冲刺跑（以最快速度）

· 6%~8% 坡度——中速跑（吃力，但低于最快速度）

· 9%~12% 坡度——低速跑（比较容易，慢速）

· 12% 以上坡度——极慢速跑或走（很少被运用）

因为每个人的奔跑能力各不相同，你必须评估自己的跑步能力，根据自己的具体情况来定义适用于自己的慢速、中速和快速。接下来的章节将会分别讲解慢速、中速和快速是何种主观感受。这是一种针对斜坡跑的重要方法，它能让你把各种风险转化为喜人的健身效果。

· 0% 的重要性 ·

强调平地跑的重要性是均衡间歇训练法不同于其他跑步方法的一个方面，我们不能单纯因为斜坡跑可以减小制动力就总是斜坡跑。这当然不符合我们的生活常理，就像我们需要下楼、上山和爬坡一样，地球表面不是平坦的——你有向上爬的时候，必然也有向下走的时候。我们的身体是很灵通的，它几乎能够适应任何环境。如果你经常进行上坡跑训练，当你下次面对下坡跑的时候，身上相应的肌肉就会显得酸软无力，我在健身房经常看到这种情况。有些人以最大量的斜坡跑在跑步机上跑了一辈子，他们认为这么跑不伤膝盖而且会获得很大的运动量。太沉迷于斜坡跑导致的结果是平地跑能力下降或者下坡跑时膝盖疼痛。就像你天生就能消化某些食物一样，你天生具有许多跑步能力。但如果某种能力无法得到发挥，那你最终会丧失它。

> 0% 的"斜坡"非常重要。

　　关于斜坡跑也有许多不实的说法，其中最普遍的一种就是跑步机前面下沉的太厉害，必须通过增加坡度使跑步机保持水平。这显然是一种极其过时的说法，现代的跑步机不再像以前的跑步机那样前部笨重，不管地面是否平整，现在的跑步机可以通过人为调整来确保水平。另外，还有些人认为增加1% 的坡度可以模拟出室外跑时的风阻。首先，我要说的是，如果你想去户外跑，就干脆别在跑步机上待着。其次，对于户外跑时的逆风来说，当你反方向跑时它就会变成顺风，这从本质上说明通过跑步机斜坡模拟风阻是徒劳的，同时使风阻争论变得没有任何意义。我一直在告诉大家，我们要注重的是室外跑和室内跑的不同之处，而不是尝试让两者变得一样。

·均衡斜坡跑·

　　你不用知道我是如何将斜坡跑混合到各种跑步方案里的，但对你来说，理解它背后的科学逻辑很重要。经过多年的潜心研究，我得到了一个有关跑步分配原则的公式，我们可以根据它来制订跑步计划。如果没有这个公式，我们只能靠随机乱猜和反复试错来制订跑步健身计划。理解斜坡跑坡度和速度之间的这种交换关系能够使我们在均衡跑步之外获得一些小小的改善。在按照本书中的跑步方法训练的时候，这是你需要首先注意的地方。各种跑步方法的流程安排很完美，能够立刻让你投入进来，体验流程的平顺和易于理解。我制作了一个简单的表格，它展示了当斜坡跑坡度发生改变时，为了保持均衡，斜坡跑速度应该如何做补偿性改变。

　　下面的表格是制订本书中跑步健身方案的基础，再说一遍，你不需要深入地理解它。但

> 1% 坡度变化的价值相当于 0.2mph 速度变化的价值。

有了这个表格，你将会从本书中高质量而又复杂的跑步健身方案中获益良多。

间歇斜坡跑速度 VS 间歇斜坡跑坡度		
0.2mph 速度改变量 ＝ +/-1% 的斜坡跑坡度		
速度	斜坡跑坡度	备注
最高速度（9mph）	0%	
-0.2mph（8.8mph）	1%	
-0.2mph（8.6mph）	2%	
-0.2mph（8.4mph）	3%	
-0.2mph（8.2mph）	4%	5% 以下可以以最快速度跑
-0.2mph（8.0mph）	5%	5% 以上可以以中速跑
-0.2mph（7.8mph）	6%	
-0.2mph（7.6mph）	7%	
-0.2mph（7.4mph）	8%	

　　如果我将跑步方案中斜坡跑坡度从 2% 降到 1% 而跑步速度提高 1mph（而不是表格中建议的提速 0.2mph），那我就偏离之前表格建议的均衡太远了，这样一来我很可能在下一个间歇跑时感到非常吃力。这个表格告诉我们如何在斜坡跑坡度和斜坡跑速度之间做成比例的改变。因此，均衡间歇训练法中的斜坡跑坚持的原则是，斜坡跑坡度每增加或减少 1%，斜坡跑速度相

应地减小或增大 0.2mph。本书中的跑步方案有时会保持完美均衡，但大多数情况下，为了增加运动量，制造新的挑战，它们都会在合理的范围内轻微偏离完美均衡。为了大家能够有一个最安全、最紧凑的跑步体验，本书中所有斜坡跑方案的制订都会严格遵照这些原则。

为了保持均衡，坡度每增加 1%，速度需相应地减小 0.2mph。

同我一样，你永远不可能再回到 18 岁，永远无法真正征服一座小山。或许你能跑到山顶或者在山上完成一个间歇斜坡跑，但你永远也征服不了它。当你变得步履蹒跚、筋疲力尽的时候，这座小山岿然不动，风采依旧。但如果我们学会敬畏这座小山，我们就会开始跟它合作而不是与它对抗。有了本章给出的工具，再加上贯穿本书的各种跑步方法，你会把对斜坡单纯的憎恨转变为又爱又恨（恨的那一半永远都是挥之不去的）。你会找到一种无需损害身体整体健康的快速的热量消耗方式。重力永远是个浑球，但如果能够以明智的、充满目标感和敬畏的方式来处理斜坡跑，我们将会有很多收获。

我以为在有生之年，再也不必看到伟谷州立大学滑雪坡了，但事实是我的确又见了它一回。在最近访问伟谷州立大学的时候，我再一次看到了那座小山，这时距离我在这座山上最后一次随队训练已经有差不多 12 年了。主教练杰里·巴尔特斯决定带我来一次穿越校园的临时跑，这是全美最美丽、最能激发人灵感的一个校园。这次跑步生动活泼，风一直吹着，在地面上，在橡树下。这次跑步很轻松，教练带着我一路穿过开阔地带，直达山脚下。那座小山还在那里，正如它 12 年前一样。教练跟我相视一笑，便朝着山顶跑了上去，我再一次体验到了记忆中的那种异常振奋的感觉。

本章关键点

- 斜坡跑对减小膝盖压迫很重要。

- 5% 以上斜坡跑时不能以最大速度冲刺跑。

- 对于整体健康来说，0% 斜坡跑是一个至关重要的调节工具。

- 斜坡跑坡度 – 速度交换法则：为了保证跑步间歇的均衡，斜坡跑坡度每改变 1%，相应的斜坡跑速度会增大或减小 0.2mph。

第四章

速度——有一种快叫聪明

在历史的长河里，人类对速度一直都有孜孜不倦的追求。我们痴迷于更快的网络速度、飞机飞行速度、汽车车速以及我们自身的速度，这导致各种速度的边界和极限被不断刷新。但与互联网和波音 757 不同的是，我们的有机体具有高度的复杂性。更快仅仅是成为更优秀的跑者和获得更完美身形的一小方面。本书中的跑步方法会让你成为一名更快的跑者，但只有当你掌握了耐力、恢复和持续等这些有关跑步的所有内容后，你才可以真正让自己的最大潜力得到发挥。我不仅希望本书能够帮助你达到个人最大潜能，也希望它能提醒你一旦达到了个人最大潜能，你应该做的是庆祝它，拥有它，并长时间的保持在这一水平。跑步机健身的效果不是由每次跑步的强度决定的——这一点被过于看成是跑步机健身的目标，而是由你跑步健身的频率决定的。持续性跑步是增强跑步能力、拥有健美身形和提高跑步速度的关键。

2003 年 5 月 23 日，我走向比赛起跑线。这次比赛让我明白了什么是潜能边界，这是我大学跑步比赛生涯的最后一场比赛。这是一个激动人心的时刻、改变人生的时刻。本次比赛是举办于南伊利诺伊大学爱德华维尔分校的 NCAA（美国全国大学体育协会的简称）全国冠军赛，我参加的比赛项目只需要绕跑道快跑两周。我是毕业班学生，也是当年代表我们队出征的唯一男队员，所以当时我的心理压力非常大，就如同伊利诺伊似火的焦阳一般。一切都发生得太突然，我记得起跑发令枪的声音，然后突然之间我已接近最后一名。

　　这是我大学生涯的最后一场比赛，我能听见我的教练在喊："戴维，你必须拼尽全力！"我从来没有跟如此优秀的选手交过手。但因为我刚打破了校运会记录，内心仍有种飘飘然的感觉，而时间却在一分一秒地过去。我的教练是对的，我必须加速跑起来，虽然可能已经太晚了。是时候拼尽全力了。我握紧拳头，发出野兽般的嘶吼，拿出四年刻苦训练出的实力，为了这一刻我付出了太多太多。在肾上腺素的刺激下，我的心脏砰砰地在我胸膛里跳动。我在心里告诉自己，时候到了。我低下我的下巴，开始我大学运动生涯的最后一次冲刺，我要出色完成这次比赛。突然之间，难以应对的状况出现了……

无可否认，随着年岁的增长，最终我们的速度会变慢，我们的生活会有阴云密布的日子，我们的潜能可能终其一生被埋没。你原以为会一直拥有年轻时那样的奔跑速度，最终现实会将你打败。即使现在你还没有接受这一现实，但这一天迟早会来到。虽然我无法阻止时间的流逝，也无法保证你会在跑步比赛中获胜，但是我发现了一种重新思考速度的方式，它能使你在没有任何损失的情况下，一直体验到速度与激情。是时候让我们开诚布公地聊一聊速度了。在这个世界上，没有任何跑步计划或者方法能够保证你无限制地提高跑步速度，那是不可能的事情。把那些不切实际的承诺和误导大众的言论放到一边，我们来看看怎么能够在自己实际能力范围内成为最强的跑者。有了本书做指导，无需任何专门设计的用于寻找个人最高速度的训练，你就可以发掘出自己的最大跑步潜力。我敢担保使用本书之后你一定会跑得更快。更重要的是，你将学会如何更聪明地跑步。这样一来，当你意识到自己不再是那个无忧无虑的少年时，你有办法让自己一直保持干练、健康，一生都坚持跑步。

·速度缓冲·

速度缓冲可能是我给出的最好的均衡跑步速度的工具。它的原理很简单：稍微降低最高速度，然后以稍短的恢复时间做均衡，本质上减小最高速度与最低速度间的差距。例如，你的最大速度能够达到 10mph，然后以 4mph 的速度慢跑 1 分钟来恢复。这种"蹦极式"的速度训练往往使人在第二天感觉很糟糕，浑身酸痛。而速度缓冲则把最高速度降低 1/10，将恢复速度提高 1/10~2/5。拿上

> 稍微降低最高速度，提高恢复速度。

面这个例子来说，相当于将最高速度从 10mph 降到 9mph，而将恢复跑的速度由 4mph 提高到 5.5mph。

间歇跑时长	间歇跑速度	恢复跑速度
1 分钟	10mph	4mph
速度缓冲 1 分钟	9mph（-1mph）	5.5mph（+1.5mph）

毫不谦虚地讲，经过多年的跑步训练我冲刺跑的速度可以达到 12mph 以上，虽然我跑步速度可以达到这么快，但我不会以这一速度进行间歇跑。

我选择以最高 11~11.5mph 的速度间歇跑，同时以 5~8mph 的速度恢复跑。在消耗同样热量的情况下，无论是训练中还是训练后，我整个身体都感觉舒爽很多。

　　总的运动量不会缺斤少两，你只是简单地把工作量以更紧凑、更有效的方式分散开来。这依然是一种高强度的间歇训练，它消耗同样多的热量，只不过是以一种更安全、更舒服、更可持续的跑步机训练方式。另外要说的是，这在跑步竞赛界是公认的事实。但仅靠将冲刺跑在整个训练中完全铺展开，取而代之以走路的形式完成同样的运动量，那你是不可能在电视上介绍的任何跑步机上实现间歇训练目标的。速度缓冲要求必须以一定比例的高速冲刺间歇跑，辅之以精心计算、意义重大的恢复跑。如果这种方法能够训练出全世界跑步最快的人，那我们的跑步机训练当然要采取这种主动恢复的概念。主动恢复其实就是在恢复时依然保持一定的运动量，速度缓冲就是一种简化版的主动恢复。它即可以保证高速奔跑，也可以保证身体的恢复，只不过两者都不会走极端。这样我们就可以以更低的速度、更小的身体负荷来完成相同的冲刺跑运动量，获得同样多的热量消耗，在接下来的一天感觉更棒。跑步与生活中的其他事物一样：选对路线的车往往第一个到达终点，而不是速度最快的那辆。

·起跑速度·

　　"个人最好成绩"（Personal Best，简称 PB）简单来说就是能够保持 1 分钟的最快速度，在这一速度下，你无法持续跑 1 分钟以上，这基本就是你的最快速度了。选择正确的起跑速度是一项跑步机训练时需要掌握的最重要的内容。一旦你选择了准确的起跑速度，任何跑步机训练都将成为一种全新的体验。我发展并使用这种跑步方法将近十年了，这种方法能够因人而异地安排训练速度，因此它对所有人都适用。一旦知道了符合自身奔跑能力的速度范围，你就可以轻松确定本书第二部分中所有训练方法的速度。确定自己起跑速度的最好方法是知道自己

> 你的起跑速度严格取决于你的 PB。

的最大极限。均衡间歇训练法把最大极限称作 PB。只要跑一次，你就会很快发现自己目前的 PB。这为你在进行本书中的每种跑步训练提供了一个参考，你就不必为自己起跑速度的正确性而担心。本书中的所有训练方案都是基于 PB 进行设计和修改的，每种训练方案都很均衡，而且都是为达到最终的健身目标而设计的。你的 PB 很快就会提高，你会发现自己以前不知道的个人潜力。然而，没有用于确定 PB 的完美计算方法，本章将会提供一个参考表格，表格给出了基于经验推荐的多个 PB 范围。每个人从表格里都能找到符合自己的 PB 范围，只需一次跑步训练过程，你就会明确地知道你到底处于整个速度栏的哪一位置。清楚地认识自身的实力是学习跑步的唯一实际的方式，只有这样，你才能像个专业选手一样开始自己的间歇跑训练。

大多数训练方法会把一个跑者归类为初级者、中级者或高级者，这是不对的，我一直拼命想要改变这种说法。我在跑步机上指导过这样一位客户，他 75 岁了，做过髋关节置换手术。在许多训练法里他的最高速度一直被归为"初级者"这一类。他说他找我当教练的唯一原因是我是第一个不称他为初级跑者的人，虽然他不再有以前的速度，但我并没有把他当五岁小孩那样对待。能创造一个更健康的交流方式还是很令人激动的，大家可以看到，对于我个人以及我提出的方法而言，从来没有初级者的说法，我绝不会看着一位 75 岁长者的眼睛叫他小白！无论你个人实力高低，某些人都该向你表示应有的尊重。就算你不在乎别人称呼你是初级者、中级者或是高级者，我还

是希望你明白，了解自己的个人速度范围要比被随意归类好很多。我保证相比其他方式，你会更快看到跑步健身的效果。这是掌控自己的跑步训练的唯一途径。

一直存在这样一种见鬼的说法，"将学员分类可以让我的工作更轻松"，这正是大多数跑步机健身教练将学员粗暴分类的原因，目的只是想让自己的工作变得更容易。我相信你一定很愿意从教练口中得知自己的起跑速度，你是不是以为思考得越少，跑步健身整体效果就会越好？大错特错！这或许对你平时其他的健身项目是适用的，但对跑步绝对不行。你必须根据个人的能力来确定自己的跑步速度，而不是根据你被划分到哪类人群。

一旦你掌控了自己的起跑速度和最终目标，思考就会变得专注起来，这也是在跑步机上健身所能做的最健康的一件事：沉浸到你的跑步健身中。有研究表明，专注是降低跑者患阿尔茨海默病和痴呆症风险的主要原因，在与许多心理健康专家交流之后，我对此深信不疑。你永远也不会意识到这一点，但事实是，为了应对速度和坡度的变化，你的大脑必须处理海量的信息、进行成百上千次计算并做出多个决定。这对你的大脑来说是一次非常健康的锻炼。为了增强这一益处，我特意创造了多种暗含数学模型和关系的跑步机健身方案，它们要求你必须主动思考速度的快慢而不是被动地等别人来告诉自己。虽然我不是莫扎特，但我的确跟莫扎特干了相同的事。许多数学家相信是莫扎特的音乐里发现的各种数学关系引起了听众的精神共鸣。一次精心安排的跑步可以起到同样的作用，通过沉浸其中，能够让你的情绪高涨，思维敏捷。在你进行均衡间歇训练时，只要我同时播放莫扎特的乐曲给你听，你的大脑灰质将会变得跟你的腹肌一样健美。

你将会成为那个掌控自己跑步训练的人，只有到那个时候，你才能开始通过聪明跑步的方式来使跑步健身更有效。找到自己的速度范围并不像你想象的那么难，几乎所有人都会处于下面要介绍的"顶速"范围内。在完成三周强势启动的第一次跑步后，评估自己在跑步结束时的感受，根据个人感受你就能估计出自己的速度范围。有的人很快就会说，我其实可以比刚才实际跑得更快或者更慢，这种情况经常出现，我们需要保持警惕。这一刻充满洞察，非常重要。如果你真的想拥有终极的跑步机健身，只有这样做才可以。这仅仅只是指导你如何开始，我保证只需要一次跑步机健身，你就会清楚地知道自己的实力以及自己属于哪一顶速范围。本书中的每一种跑步健身方案都是严格基于 PB 速度范围设计制订的，这不仅鼓舞人心，而且对在所有跑步机健身方案中更好地利用速度至关重要。学会为自己正确配速才能真正地力挽狂澜，这对跑步机健身尤为重要。

PB 速度范围推荐

- 4~6mph——刚开始接触跑步或者身体条件受限
- 6~8mph——偶尔跑步的新手
- 8~10mph——频繁跑步且有经验
- 10mph 或以上——有出众的身体条件和丰富的跑步经验

·关于速度的小建议·

能意识到自己跑步速度过快很重要，因为跑步速度太快不仅会打击自信心，而且也非常危险。跑步速度过快会出现两种情况，要么因为无法完成间歇跑而早早地从跑步机上下来，要么会使你的跑步姿势变得很不安全，开始撅起屁股，随时要冲到前面去握住跑步机的把手。一旦感觉自

> 失控说明没有控制好速度。

己跑步姿态失控，那就说明是跑步速度太快了，单纯为了追求更快的速度而使自己处于失控的状态是完全不值得的事情。

顶速

顶速冲刺跑应该被安排在跑步训练的后半部分，这种系统性的、渐进的速度累积是达到顶速最安全和最健康的方式，这种方式非常有趣且令人上瘾，能够将你的思维训练得敏锐而有素，TreadFlow 与其密不可分。本书中给出的跑步训练方案没有哪个是把顶速冲刺跑安排在最开始的。实际上，按照本书的大部分训练方案，只有在跑步训练的最后你才达到顶速。在达到顶速之前的那些训练才是最有意义的。

速度调节

采用这种配速方式的一个很大好处是很容易调节速度。只要清楚自己的 PB 速度，那调整速度就成了一件很简单的事，无论你是因为觉得疲惫想调低跑步速度，还是感觉可以向新的更快的 PB 速度发起挑战。我在书中给出的所有跑步训练方案都是为了被你征服而存在的，你只需偶尔调整一下自己的速度范围就可以了。如果你感觉确实有必要调整跑步速度，我的建议是结合自身的实际感觉将 PB 参考速度上调或者下调 0.5mph，然后继续进行跑步训练。大幅度地速度调整往往是悔恨的来源。

许多年前，在伊利诺伊州炎热的一天，我对速度有了最深刻的认识。并不是我的身体出了什么状况，而是我误判了那次比赛。跟以往的比赛一样，我想把全速冲刺留到最后一圈。这正是导致最终出大错的地方，我以为大家跑步的最高档位是五档，但有些人是能到六档的。在这种情况下，那天把我累惨了。无论我如何挣扎，场上的一切都变得对我不利，我的心里感到恐慌，不知道该如何结束自己跑步生涯的最后一场比赛。我一直拼力向前，但每跨出一步，我都能感觉到这场比赛我输定了，我从来没有感到自己的脚步有那么沉重。最后的 100 米，我几乎无法抬腿，根本追不上那些跑在我前面的选手。当我到达终点线的时候，看到教练脸上沉重的表情，我才意识到他是对的，我一开始就应该全力跑起来，而不是等到最后。

经历了这场比赛，我学到一个道理：如果你有一位出色的教练，那你就必须信任他，按他说的做！跑到最后一圈时我根本跑不动了，如果我早点发力，可能会是完全不同的结果。我必须按照教练说的方式跑，我太自负了。我的膝盖发软，我感受到了赛道上炽热焦阳的烘烤，闻到一股浓浓的橡胶烧焦的味道。我踉踉跄跄的走出赛道，我们校队的中距离跑教练吉姆·斯坦森给了我一个理解的拥抱，然后我独自抽泣了起来。我必须面对我本可以取得像以前一样的成绩，但结果并没有这一事实。我的一位好友，一名出色的篮球运动员，曾经告诉我，运动员一辈子死两次，一次是当他真的死亡的时候，另一次就是他最后一场比赛的时候。这真是一个残酷的事实。

尽管我们大多数人并不是专业的短跑运动员，但我们依然有必要最大程度地体验跑步的自由和愉悦。虽然对更快、更强的追求很重要，但清楚自己的能力也同样重要。每个人都有跑步速度无法再提高的那一天，这就是生活，没有什么好奇怪的。所以，与其以追求更快跑速的方式来挑战自己，倒不如坦然地把握这个成为更聪明而不是更快跑者的机会。一旦你成为一位聪明的跑者，你就不会再怀念自己过去跑得如何快，你会开始为你现在的速度而庆祝。请不要忘记，赢得一场跑步比赛的方式有很多种。

本章关键点

- 速度缓冲稍微降低了冲刺跑的顶速而提高了恢复跑的速度。相比一味地追求更快的速度，更具挑战性的恢复跑往往是一个更健康、更有效的选择。

- 通过计算自己的起跑速度来学习如何配速，起跑速度的计算严格基于 PB。

第五章

持续时间——过长 VS 过短

你一次能跑多长时间？跑步机训练方案几乎给出了每一种训练间歇的指标，从 10 秒的冲刺跑到 5 分钟的爬坡跑。跑步的初衷不同，相应的间歇跑的时间长度就会不一样——你是想为一次长跑做跑前训练，还是想成为一名更出色的短跑选手，抑或是为了随大流。然而对于那些想通过跑步机健身来减肥和提高自己跑步速度的人来说，他们必须有一个适合自己的最好时间范围。当我参加 800 米短跑训练的时候，我们的训练间歇非常具有针对性。为了取得足够好的训练成绩以保证我们能够在比赛中获胜，我们的教练制订了一系列非常有效的间歇训练，最大化我们成功的概率。

经过多年对各种不同跑步训练计划的观察，眼看着特定长度的训练间歇对人的整个身体从生理上和精神上所带来的改变，我制订了对跑步机健身来说最适合的间歇跑长度。间歇跑长度的正确设定对于跑步机训练来说至关重要。

在那灾难性的 NCAA 赛几周前的 2003 年 5 月 3 日这天，我在塞基诺州立大学参加了最后一场资格赛。众所周知，在大学生田径比赛中，必须以个人而不能以团体参加全国锦标赛的资格赛。这让每位大学生田径运动员都感觉压力很大。在此之前，我从来没有像那样紧张过。当时我还没有获得全国锦标赛的资格，我那天比赛就是为了争取参加全国锦标赛资格的最后一次机会。哪怕我跑得稍微慢一点点，我的整个大学运动生涯就可以提前宣告结束了，一想到这些，我的内心就充满恐惧。我把跑步这项运动以及队友间的友谊看作是我生命中最重要的事物。由于紧张和恐惧对我的体能造成消耗，当发令枪响起的时候我的身体在颤抖。我的起跑快速而又平稳，我很快跑到了第三名的位置。四年高强度的针对性训练，四年对耐力的磨练，现在是时候发挥出来了，我必须全力以赴。

跑完第一圈的时候我的耐力表现得相当出色，我一直保持着自己的节奏。我从第二圈开始加速，身体上和心理上两方面同时发力，很快就超过了我前面的那位选手。但这并不能说明什么，我必须在 28 秒内跑完剩下的 200 米，要不然就没有参加全国锦标赛的资格。我跑的每一米、我流的每滴汗归根结底都是为了与时间赛跑。参加全国锦标赛的想法驱使着我跑完剩下的距离。

一切都与时间相关，你可以对坡度和速度置之不理，但时间是跑步和生活中都无法回避的一个变量。对于所有人来说，时间都是永不停息、一往直前的。在使用有关速度、坡度以及恢复等的原则时，我们必须清楚这些变量的时间长度。均衡间歇训练法往往由于其聪明而又神奇的时间因素而使得那些偶尔跑步的人变得对跑步上瘾。这种对时间的苛求可以带来聪明、专注和以目标为导向的跑步训练。均衡间歇训练方法在持续时间上运用一些非常简单而又有效的指导方针来确保跑步训练时间上的完美。

·完美间歇·

经过多年对间歇跑时长的研究，我总结出来一套简单而又适用于所有跑步机健身的间歇跑时长设定准则。事实证明，我提出的那些间歇时长运用到跑步机健身时是非常有效且具有可持续性的。均衡间歇训练法给出了一个间歇训练时长框架，这一框架可以使我们的跑步训练时间得到最有效的利用。对于大多数人来说，间歇跑时长短于 30 秒的话很难有健身训练效果，而间歇跑时

> 所有间歇跑的时长都应在 30 秒到两分钟之间。

长超过两分钟的话又会使人情绪紧张且常常会感到厌烦。所以我的建议是把跑步机训练的间歇跑时间设定在 30 秒到两分钟之间，本书中的每种训练方案都遵从这一重要原则。

·前置时间·

由于跑步机本身有一个加速的过程，等到跑步机加速到预定速度时，整个间歇训练时间已经所剩不多，这是大家使用跑步机时的一个最大误区。有很多跑步健身教练对这种情况视而不见，对此我很是失望和吃惊。所有跑步机都必须加速到预定速度，跑步机一般完成加速需要 5~15 秒，

> 每次间歇跑之前加速 10 秒。

这一时间视预定速度的大小而定。如果你把冲刺跑的时间长度设定为 30 秒，当跑步机加速过程完成之后，最终实际完成的冲刺跑可能连 15 秒都不到。解决这一问题的办法很简单，我们只需要在每次间歇跑前预留 10 秒的加速时间即可。这样一来你可能会觉得你的恢复时间有所减少，但总比你的间歇训练时间被减少强，而且这样做可以让你变得更强壮。

·恢复时间·

我们会在关于恢复的那一章更详细地对恢复展开讨论，但在这里要强调很重要的一点：想要通过本书给出的方法来最大程度地利用你的训练时间，你必须把间歇时间长度和恢复时间长度放在同样重要的位置。世界上不存在有哪种优良的跑步计划的恢复时间是被随意设定的，在跑步机训练中同样也不允许这种情况发生，赞成这种观点的人是不会在恢复时间里查看电子邮件的，你最好也别。虽然大多数恢复时间长度都是一分钟，但为了配合间歇训练任务的完成，恢复时长往往是可以延长或者缩短的。例如，刚开始保持时长 45 秒的恢复期可能会有点难度，但只要坚持挺过不适应期，你就会发现你的努力是值得的，它会使你的跑步训练与众不同。恢复时间是作为整个训练的一部分计算的，所以如果你在恢复时间上出了问题，那你的整个训练的均衡性就会被打破，从而延缓你的健身进程。除此之外，严格遵照时间设定可以让你感觉整个训练过程很快就结束了，你根本没有时间想别的事情或者对跑步训练感到厌烦。

> 恢复时长不是随意的，它和间歇时长一样精确。

　　时间不等人，这是生活中一个不可否认的真理。在 2003 年 5 月的那场资格赛中，我深深地体会到了这一真理。我还剩下最后的 200 米，如果我想进入全国锦标赛，就必须把领先优势保持到最后。队友为我加油尖叫的声音回荡在耳边，并支撑着我冲过终点线。我已经清楚地算过我必须跑进多少秒才可以获得参加全国锦标赛的资格。我望向计时台，看到我的教练面带微笑。"西克，你做到了，你获得了参加全国锦标赛的资格。还有，这也是我们学校的新记录。"我的心脏都快要从胸膛里跳出来了。我以聪明的方式跑步，我对时间有足够的重视，因此我取得了巨大的成功。我同样希望你也可以在跑步方面收获足够好的成绩。从现在开始，你需要认真对待在跑步机上的每一秒，这样你才能以胜利者的身份冲过终点线，也会有更多时间去做生活中其他重要的事情。

本章关键点

- 所有间歇训练的时间应该在 30 秒到两分钟之间。

- 在每次间歇跑前预留 10 秒的加速时间。

- 恢复时长不是随意分配的，必须像训练间歇那样清楚地计算出来。

第六章

恢复——有时也挺难

　　怎样让恢复更有意义是跑步方面我们需要学习的最重要的一项内容，它也是在跑步机上成功取得健身训练效果最大的一个秘密。大多数跑步机健身计划都把运动任务集中在训练间歇期间，而恢复期就留给你自由安排。虽然这种做法或许很刺激而且在其他健身项目中很流行，但对跑步而言却是一个很大的错误。在跑步这项健身项目里，恢复依然是整个健身训练的一部分。你不能在恢复期间什么也不干，找个凳子坐下或者慢慢悠悠四处晃荡。似乎存在着这样一种误解：恢复的意思就是"完全的恢复"。尽管在某些特定时刻这种理解是对的，但那绝对不是恢复的本意。我们需要让恢复期更具挑战性，而不是把所有的训练任务都集中在训练间歇内而使人累趴。利用好恢复期不仅可以消耗大量的热量，而且可以帮你建立起强大的耐力，这将为你生活的方方面面带来改变。世界上最强的跑步选手在开展跑步训练期间都会采用聪明的、经过精确计算的恢复时段。几乎跑步机训练的一半时间会被你花在运动恢复上，所以认真对待并好好利用运动恢复是非常明智的做法。

那是一月份寒冷的一天，纽约的街道泥泞不堪，我正在四周昏暗的跑步机上挥汗如雨。扬声器里播放着劲爆的音乐，伴随着响亮而又鼓动人心的教练口令声。这次跑步训练的强度很大，但我清楚地知道如何掌控它。然而在我旁边跑步机上锻炼的人好像觉得间歇跑的强度越大越好，这让我感到一丝不爽。

我们的最后一次间歇训练刚开始，我正专心致志地投入到训练中。突然间，就像音乐停放同时有一束聚光灯打到我的头上，我听到扬声器里有人喊我的名字。对于自己被点名我已经见怪不怪了，因为我是一名跑步机健身狂热爱好者，大家都想学我的每一个跑步姿势。教练的声音在整个屋子里回荡，我意识到大家都朝我看来。"戴维，这就是你的真实实力吗？我一直以为你是个跑步机跑步达人呢！你看看你两边的人，跑得都比你快。"我冲着教练呵呵一笑，但并没有改变我的速度。

在这次间歇训练的最后几秒里，我旁边的几个家伙开始拼了命的加速，他们可能误解了教练的意图。面带痛苦的表情，跑姿已经踉踉跄跄，他们不约而同地朝我跑步机的显示器上看，看我的速度有没有他们快。他们的确是想跟我比赛，但他们不知道的是我已经在几个间歇跑之前就已经赢了这场比赛。教练开始喊倒计时，10、9、8……我左边的那个家伙跳出跑带踩到跑步机两旁的踏板上，跑带依然在他两腿之间传动。很快，我右边的那个家伙也结束了训练。

早早地弃船潜逃就是提前放弃，这往往是因为你跑得太快了或者你觉得完成间歇跑的一部分就已经足够了。你能想象博尔特在离终点线只有几米的时候停下不跑吗？当然不能，我也不希望这种情况在你身上发生。通常我们过早的踩上踏板是因为我们的思想松动了，在心里劝自己放弃。为了克服这种情况有两种方法，要么把速度降到自己能完成整个间歇跑，要么你靠自己的毅力。我希望通过本书中的训练方法向你展示如何同时实现这两方面。因为我把我的速度降到了恢复速度，那两个家伙看到我的速度之后击掌欢呼，毫无疑问，他们都在为自己刚才1分钟（根据计时器来看是51秒）的跑步速度而感到得意。他们从跑步机上下来开始自由走动，以为我没有听到教练叫我们开始恢复。我当然听见了，我正在恢复，只不过是以一种更有效的方式而已。

恢复或许是跑步机健身里被误解和不重视程度最高的一项，对恢复期的重视使得均衡间歇训练法与众不同。所有成功的室外跑步训练的恢复都意义非凡，恢复期的安排和设定都带有明确的意图和目的，室内跑步机健身也应该重视恢复环节。均衡间歇训练法降低了每个训练间歇的训练强度，而把运动量稍微往恢复环节迁移了一些，这符合第四章介绍的"速度缓冲"概念。这种做法能够带来同样的运动量和热量消耗，但同时以更循序渐进、更均衡的方式将总的运动量分配到整个训练过程中。你可以在不引起膝盖、臀部和后背疼痛的情况下让自己变得更快更强。确定恢复期需要多大的运动量才能保证热量持续消耗听起来好像有点难度，但在均衡间歇训练法的帮助下，你很快就能学会确定恢复期运动量的方法。

·50% 恢复原则·

在第一个训练间歇结束后，你要能够维持运动恢复速度不低于间歇跑速度的一半。这一原则只应用于整个训练的第一段（因为接下来还有更多的恢复），恢复速度也仅根据你完成第一个间歇跑时的速度而确定。例如，如果你第一个间歇跑的速度为 8mph，那你的最低恢复速度应该是 4mph。如果你在恢复期间无法将速度维持在 4mph 以上，那就说明你间歇跑的速度过快了，你很可能无法像预期的那

> 第一次恢复跑的速度必须是第一次间歇跑的至少一半。

样顺利完成整个跑步训练，就这么简单。稍微降低你的间歇跑速度，直到你能在整个恢复期将跑步速度维持在该速度的一半为止。想想前面故事中提到的在我身边的两位跑者吧，这一原则就是针对他们的，能够帮助他们掌控整个跑步过程，降低他们受伤的风险。这实际上就意味着可以完成更多的运动量，收获更多的健身训练效果。请记住，就算你的车速能达到120mph，你也不能到哪儿都开那么快。

对于大多数快跑速度在7mph以下的人来说，50%恢复原则很容易达到，这时可能就需要把恢复速度调整到比第一间歇跑速度的一半稍高。这样做没任何问题。50%恢复原则不是说你的恢复速度必须严格维持在第一间歇跑速度的50%，只要你的恢复速度不低于它就可以。例如，如果你的第一间歇跑的速度是5mph，与之相对应的2.5mph的恢复速度就太慢了。我建议在你可以承受的前提下，选择一个更具挑战性的恢复速度。

·完美恢复·

正确的恢复应该确保你能及时地做好下一个间歇跑的准备，本书中的许多跑步训练方案都包含主动恢复，为了保证恢复的有效性，视情况对坡度、持续时间甚至恢复跑的速度进行相应的调整。如果跑步训练方案没有明确给出恢复跑的速度，或者你正参加跑步机健身课程而你的教练只是叫你"恢复"，具体的什么也没说，那在这种情况下你就需要自己确定正确的恢复跑速度了，正确的恢复跑速度能够让你的呼吸回到正常状态，而又不会让你有多余的休息。

均衡间歇训练法是介于冲刺跑训练与长跑

> 恢复跑应恰到好处，不多不少。

训练之间的一种训练方法，当然，恢复跑也应该处于它们二者之间。我常常建议大家尝试那种能让自己感觉略费劲但又能保证顺利进行下一个间歇跑的恢复跑。随着整个跑步训练接近尾声，间歇跑变得极具挑战性。如果你感觉自己已经无法维持之前的恢复跑速度，那就在必要的时候试着把恢复速度降低 0.5mph。请记住，50% 恢复原则只适用于本书所有训练方法的第一段，随着整个跑步训练过程的推进，你需要完成更多的恢复跑，这正是恢复跑均衡性之所在。学会正确地选择自己的恢复跑速度直接关系到你跑步结束后的身心感受，而且在整个训练过程中总体强度和热量燃烧的增加量会让你大吃一惊。

· 跑后恢复 ·

跑步的运动量可以很大，这正是其他锻炼项目不太愿意加入跑步这一选项的主要原因。跑步的确是一项能使全身都得到锻炼的运动项目，所以你需要有适当的休息期，这就是在跑步训练结束之后以及下次跑步训练开始之前你所需要的恢复期。我常建议大家不要连续做跑步机间歇跑训练超过两天，当然，这并不意味着你必须完全空出一天，你可以在多天间歇跑训练之后做一些低强度的锻炼项目，例如举重、瑜伽或者骑自行车。我也坚信你需要至少一整天的休息来让自己的身体得到休整和加强，一整天的休息非常有利于身体的恢复。从我个人的角度来看，我知道我不会在我休息的那些天锻炼，所以我在那些天会调整自己的饮食搭配，确保自己吃好。

想要成为更好的跑者，休息不可或缺。

恢复跑的改变可以引起跑步方式的改变，这

将提醒大家在平时训练而非比赛时应该重视恢复跑。我依然记得自己因为没有旁边的家伙跑得快而被戏弄。我也记得自己从容地完成了最后一个间歇跑，而我两旁的那两个叽叽歪歪的家伙却提前放弃了最后一个间歇跑，以蜗牛速度走了起来。

我保持着不慢的恢复速度，做好了进入下一个也是最后一个间歇跑的准备。这时，教练的咆哮声开始在整个屋子内回荡："你就剩最后一个间歇跑了，加油！"当然了，我旁边的那两个家伙虽然开始得比我晚，结束得又比我早，但他们确实在某一时刻达到了自己的最高速度，因为在他们眼里，能够炫耀跑步速度才是跑步健身最有价值的收获。尽管我的间歇跑速度只比其他人的最高速度慢了 0.5mph，但那位好心的教练没有夸我跑得快，也没有因为我跑得慢而吼我。我并没有因为按时完成所有间歇跑而被表扬，也没人提到我那出色的恢复能力。这也没什么，因为知道如何让自己取胜比需要别人告诉你怎么做要好得多。

教练走到每个跑步机跟前大声念出里程数和平均步数。当他走到我的跑步机跟前时，他愣住了。其他人也都纷纷摇头，看他们的样子估计是觉得我作弊了。我跑了更多的里程，消耗了更多的热量，我出色的耐力、健康的心肺以及六块腹肌保证我可以做到。所以就让别人去炫耀他们的速度吧，你只需要考虑聪明地跑步就行了，这样一来，你将无往不胜。

本章关键点

- 主动恢复就是聪明的恢复。

- 第一个恢复跑的速度一定不能低于第一个间歇跑速度的 50%。

- 恢复期适当就好，别让自己歇得太多。

- 按照明确给出的时间来恢复。

第七章

身姿——跑步机健身的致命错误

好的跑步身姿决定一切，它能够从根本上改变你的跑步机健身体验，改变你的身形姿态。保持良好的跑步身姿也可以降低在健身房里遭遇各种尴尬局面的风险。在本章，我不仅会教大家如何保持更好的跑步身姿，同时也会解释其为何如此重要。你可能正犯着许多跑步机健身特有的错误，却从未意识到，我将帮你改正这些错误。

我喜欢在纽约的一台跑步机上面跑步。它并不是世界上最好的跑步机，我之所以喜欢它是因为在它的前面和一侧装有镜子，同时它的另一侧敞开。这样一来，一方面我可以从镜子中看到自己强健的跑步身姿，从而使我小小的虚荣心得到满足；另一方面可以让健身房里的其他人看到我疾风一般的速度。我刚开始接触跑步机，但因为我的大学跑步生涯刚结束，所以我依然很快很强。我对自己在跑步机上的表现非常满意，直到有一天，我闹出了大笑话。

那是纽约寒冷的一天，我对发生在这天的三件事情记忆犹新。一是我暗恋的姑娘从我的跑步机跟前经过，为了好好表现一下，我把跑步机速度调到最高。二是我看着镜中奋力奔跑的自己，感觉我的步伐是如此奔放有力。我当时真是太自恋了。三是我听到跑带发出刺耳的重击声，紧接着整个跑步机开始晃动。感觉就像是从一辆疾驰的车上跳下来一样，我侧向滚成一团，从跑步机后面飞了出去，然后重重地撞到墙上，撞得我感觉再也无法呼吸了。手捂着脱了皮的膝盖，我抬起头，因为从周围传来关心的问候："你没事吧？"大家都尽力憋着不让自己发出笑声。这一切仅仅是因为我跑得太靠近跑步机的前边了，不小心踩到了跑步机的前板。我之前还想着约那个姑娘呢，事到如今全泡汤了。

　　我就是那个在健身房摔屁股蹲儿的家伙……

·正确的身姿·

　　当在跑步机前部奔跑，肚子紧贴跑步机显示器的时候，大家往往会感觉舒服和安全。但问题是这样做无异于是在往墙上撞。或许你并没有意识到这一点，但离跑步机显示器那么近会严重影响你的跑步姿势。最重要的是，这会限制你动作的幅度，导致你甚至无法以自然的步伐和摆臂来奔跑。你会倾向于将手臂的摆幅控制到很小，这会引发一系列连锁反应，最终导致你背部、肩部和颈部处于过度紧张用力的状态。

> 不要跑得离跑步机前面太近。

　　为了避免以上的各种连锁反应，尤其是在冲刺跑的时候，你需要做的就是稍微后退一点。在短跑时你应该保持自己处于跑步机跑带的中间位置，这样你的身体就能自由的奔跑而不会受到任何限制。你可以找时间试一试，先在离跑步机前端很近的地方快跑，然后再在稍微退后一点的位置跑，你会收获两种截然不同的感受，后退一点带来的体验上的改善一定会让你感到震惊。有种情况虽然不常见但的确存在，那就是有些人在跑步机上会感觉眩晕或者站不稳。这种情况很容易克服，只需在跑步机上稍加锻炼，让你的身体适应那种地不动而人在动的感觉即可。你也可以通过正确的跑步姿势来解决跑步机眩晕这一问题，保证自己在跑步的时候不要低头望着跑带，那样会引起颈部肌肉紧张，进而引发眩晕感。朝跑步机的前方看，而不是心有所想地到处乱看。当你的身体快速适应了这种新的跑步环境之后，各种不稳定的情绪就会慢慢消失了。

足部触地

有很多种关于足部触地的执教理念。有许多专门讲解足部触地的书，书中也包括一些关于足部触地方法和形式的鉴定和分类方法。本书不会告诉你哪种方法好，哪种方法不好。相反，我会跟你分享我那基于人体自然运动学和解剖学的均衡方法，它使我在整个跑步生涯中一直保持强壮而没有伤病。

与那些建议你前脚掌着地的跑步方法相反，基于自然设计，我相信在前脚掌着地和后脚掌着地之间一定存在一个平衡点。脚后跟上的脂肪垫是我们与生俱来的，它的主要作用是为脚后跟提供缓冲。在行走、慢跑或者中速跑的时候，人类天生就是以脚后跟先着地的。当脚跟触地的时候，身体的重量就会传向同样也有脂肪垫的脚外侧，然后再从脚外侧传递到前脚掌，这正是蹬地准备跨出下一步的时候。只要看看自己的脚底，你就会发现这一设计和造型都堪称完美的缓冲垫，它正是为"脚后跟到脚趾"这一足部触地方式而设计的。

诸如《运动健身医学与科学》(*Medicine and Science in Sports and Exercise*)期刊在 2014 年发表的题为"跑步速度与初始足部触地模式的关系"的研究表明，有些跑者加速的时候，他们的足部触地会自然而然地变成前脚掌触地，这种自然的调整过程太神奇了。首先，脚掌触地意味着与地面有更小的接触面积，意味着与地面间更小的摩擦力，这在加速奔跑时很有用。其次，速度越快，冲力越大，通过前脚掌触地你可以利用到小腿上具有减震作用的肌肉，比如比目鱼肌和腓肠肌。冲刺跑的时候脚后跟触地会使膝盖感受到更大的冲力，而前脚掌着地就可以让下肢上的肌肉和肌腱来吸收大部分冲力。

综上所述，低速跑的时候可以选择那种自然而本能的"脚后跟到脚趾"的脚后部触地方式。当加速奔跑的时候，为了加速的效率以及减小膝盖所承受的冲力，最好选择前脚掌触地。

步幅

步幅也是一个跑步界谈论的热点话题，在有些方面所有的跑步教练的看法是一致的，我就来说说这些方面。过度跨步百害而无一益，我在跑步过程中偶尔也会过度跨步，对此我深感羞愧。过度跨步是指过度加大跑步步伐，将腿迈到身体前方。随之而来的后果是你的脚落在了重心之前而不是重心之下，这就像以错误的方式在向前猛冲，过度跨步对膝盖和髋关节伤害很大。据我的观察，相比室外跑步，跑步机跑步出现过度跨步的概率更大。我认为导致这一现象的原因是，在跑步机上跑，"地"是动的，你心里时刻都在计算步子应该迈多大，就导致一些人对运动中的跑步机过度补偿。当跑者跑得兴奋的时候或者在克服身体疲劳的时候也会出现过度跨步。请保证你的脚落在离你重心下方尽可能近的位置。

另一方面，许多教练都采取加快跑步节奏的训练策略，这等于缩短步幅而加大步频。从生物力学的角度来说，短步幅可以减小身体感受到的振动的冲力，这一点我完全同意。但对于过度训练和强制节奏改变我是不认同的。首先，这种做法本身就有悖常理，如果一头熊正追赶你，你极有可能通过增大步幅来加速。对于大多数人来说，通过增大步频、缩短步幅的方式来达到同样的速度会非常别扭，而这却恰恰是那些教练所教授的内容。我还关心的是，如果总是保持更快的跑步节奏，那你的髋屈肌中的能量就不会得到充分的释放，因为髋屈肌有一个健康自然的活动范围。你的步态和步幅都是你所独有的，这些是不需要别人教的，因此我相信均衡。我同意有时稍小的步幅对膝盖有好处，但我也相信在冲刺跑的时候，对于许多像我一样的跑者来说，自然的全步幅不仅重要、有益，而且不会引起伤病。

　　只有一种情况，我建议不要以大步幅跑，那就是山地跑。研究表明，人的步幅会随着跑步坡度的升高而减小。小步幅有助于保护膝盖、髋关节和下背部。在陡峭的山坡上你应自然地缩短步幅，但以免你被误导，请永远也别在陡峭的斜坡上跑步。在陡峭的斜坡上跑需要耗费很大的精力，你要确保以小步幅来进行山地跑。

姿势

　　由于跑步的本质是重复，所以跑步的姿势很重要。在一公里又一公里的跑步过程中，一个很小的不良习惯就可能导致严重的问题。值得庆幸的是，跑步机为评价跑步姿势和矫正其他不良跑步习惯创造了一个完美环境。

　　跑步教练经常会提到前倾，确保将身体重量轻微地转移到髋关节之前而不是之后非常重要。试想一下，你想要的是推动你的身体向前而不是向后拉着身体。当你在跑步时身体稍微前倾，那就是在利用强大的背肌和核心肌群来稳定身体和减震。请记住，肌肉的作用不仅仅是提供能量，在你运动的时候，肌肉也通过吸收大量的能量来减震和缓冲。如果你身体后倾，就无法让背部的那些重要肌肉发挥作用，而是在让脊椎承受更大的冲力，这种情况通常发生在你感到疲惫的时候，而这会导致脊柱受压迫和背部的疼痛。理解这一点的最好方式如下：竖直站立，两腿保持与肩同宽，将手掌放在下背部臀部以上的位置。背部放松，臀部用力，你会感觉到脊柱两旁肌肉的柔软和放松。然后，双手依然保持在后背的位置，让胸部微微前倾，你马上就会感觉到保护脊柱的肌肉（竖脊肌）开始工作。反复尝试多次来感受其中的不同，后坐、放松，再前倾，感受那坚如岩石的肌肉。在跑步的时候，你需要那些肌肉来让你的躯体保持平稳，减少脊柱承受的振动。但你必须注意不要倾斜过度，因为过分前倾实际上会造成那些部位肌肉的拉伤。之前的训练表明，你必须以身体微微前倾的方式来让那些肌肉各司其职。

　　大家在跑步机上犯的另外一个错误是以抬头或者低头的姿势在跑步机显示器上看视频，如果你也是这么干的，那就赶快收手！跑步机的显示器位于跑步机最中间的位置，为了避免在观看视频时造成颈部拉伤，跑步机的显示器被设计成高低位置可调。由此可见，如果因为观看视频而造成颈部不适，那也没有理由让跑步机制造商来为此负责。低头或抬头看视频听起来好像不是什么大问题，但是头部过度后倾是引起颈部僵硬和疼痛的罪魁祸首。作为一名跑步机跑者，正确的姿势应该是微微低头地望向你身体前方，你的视线应该落在跑步机显示器的顶部，这时你的头部就处于刚好正确的位置。

手臂

　　这是我最喜欢的一个主题，改变摆臂方式真的能给跑步带来改变。高强度间歇跑训练对你的手臂来说就是一个魔鬼训练。如果你是一位追求手臂细长的女士或者渴望拥有伟岸的肩膀和发达的背部肌肉，通过在跑步中摆臂可以助你塑造上身肌肉。

　　大家犯的最大的错误是跑步时手臂在身体中轴线左右来回摆动，这种摆臂方式相对容易，对体能的消耗较少。但这样做的问题是你失去了锻炼全身的机会，而且时间长了，有可能给你带来一些健康问题。过度的两侧摆臂会引起臀部做扭转运动，长此以往会导致臀部和下背部紧绷、疼痛，以及其他一些严重的问题。

　　人的身体是很神奇的，通过右臂配合左腿、左臂配合右腿的方式来保持行走和奔跑时的身体平衡。这就是为什么人类在行走、慢跑和奔跑时是反手反脚而不是同手同脚的原因。在冲刺跑的时候，抬起右腿能够产生巨大的扭矩。扭矩是当你抬起一条腿的时候在身体上产生的一种扭转力。这一扭矩会使得在行走或者跑步的时候，你的身体倾向于往身体的中央位置转动。如果你不用你的左臂来平衡这一由右腿引起的扭转力，你可能会双脚离地，逆时针旋转，然后脸着地摔倒。手臂的摆动能够抵消由另一侧腿产生的扭转力，这就是应对扭矩，避免臀部扭伤的平衡动作。

　　下面给出的简单练习可以说明这一点：原地高抬腿跑，同时保持双臂在身体两侧下垂，保持不动。你马上就能感觉到你的上半身挣扎着保持平衡，左右扭动。然后，继续做高抬腿跑，但慢慢开始摆动手臂，直到手臂有力地摆动。你立马就能感觉到身体上的扭动消失得无影无踪，开始平稳轻松地运动起来。因此，正确的摆臂很重要。你要记住，尤其是在冲刺跑的时候，将手臂摆动到与你的腿保持平行，把腿和手臂想象成一条铁轨的两边。这样做的好处是刚好让来自腿和手臂的力在你腹部位置达到平衡，长此以往，你的腹部会得到相当有效的锻炼。

　　我常告诉大家，拥有六块腹肌的最快方式就是跑步，在燃烧脂肪的同时你的腹部肌肉也得到持续不间断的训练。但要注意，不要为了早日获得那六块腹肌而过度摆臂，摆臂必须保证手的高度低于肩膀。千万别在跑步的时候手臂摆得跟摘苹果似的，你的手臂的摆幅要自然而然地根据腿部造成的扭转力的大小而定。所以，良好的摆臂意味着有型的上身和紧实的腹部。

本章关键点

- 为了保持更好的身姿，不要跑得离跑步机前部太近。

- 后脚跟先触地适用于像步行和慢跑那样的慢速运动，而快速的奔跑则需要通过前脚掌触地来减小冲力。

- 在冲刺跑时注意不要步幅过大，在山地跑时要缩短步幅。

- 保持跑者的前倾姿势，要避免疲惫时出现臀部后撅、姿势变形的情况。

- 不要把手臂往身体左右两边摆，保持手臂和腿的平行对于健康跑步和强健身体来说都很重要。

第八章

伤病与极限

你的跑步方式里所包含的所有信息都具有你自身独有的特点。如今，我们已经能够通过步态识别技术来实现身份识别，完全是根据我们每个人独有的走路方式。我们行走、慢跑和跑步的方式都受伤病和极限的影响。我们每个人都有属于自身的伤病和极限，正是它们的存在使我们拥有自身的特点。本书的训练方法正是出于这一原因而为每位跑者设计的。不管你的年龄、过去有哪些限制因素或烦人的伤病，本书的内容适用于每个人的情况。跑步机的一大好处是，对于探寻你的自身极限和能力来说，跑步机提供了一个安全可控的环境。我们都处于跑步机提供的这一环境里，我们必须一路向前。

每当我系鞋带的时候，我就会看到我左腿胫骨上的那条长长的白色伤疤。每次看到它，我就联想到：没有谁是无敌的，即便是那些最强壮的人，他们也会有伤病的困扰，或者被他们能力范围以外的因素所限制。

我唯一的一次严重受伤发生在我大学田径生涯的中期，那是我在前面章节提到的那场残酷的 NCAA 决赛之前的一年。那是 2002 年一月份，在印第安纳州的印第安纳波利斯，当时正处于寒冷的室内赛季，所以田径跑道很小（室外田径跑道的一半），而且受伤也时有发生。这一特别的比赛举办于巴特勒大学，我最喜欢的大学之一。我对这里弯道处有坡面的室内田径跑道感到着迷（大多数室内跑道是平坦的，但高级的室内跑道的弯道是有坡度的，弯道处的坡度能起到弹射作用，可以帮助选手快速地绕弯刷圈）。我在巴特勒大学的室内田径跑道上一直跑得都很不错——除了这一回。

我终于要在室内 800 米短跑项目上达到某一巅峰了，我的教练也注意到了这一点。我发现自己跻身到高水平行列，可以和一些相当快的一级跑者甚至专业运动员一较高下。我记得当我查阅本次比赛的参赛选手名单时，我一直摇头，不敢相信自己就要和这些高手比赛。尽管我已经制订了比赛的战术安排，但我依然没有可能跑赢前三位选手，我要做的就是尽量紧追他们，以便我至少能跑出一个新的个人最好记录。我当时感觉非常好——这次比赛我就要取得 800 米短跑个人最好成绩了。

在起跑线上的时候，我死死地盯着那个我想紧盯的家伙的肩膀。起跑枪声响起得特别快，快到吓我一跳。室内 800 米赛跑是一项特别的比赛，在所有要求选手一开始分道跑、最终同道跑的跑步比赛项目中，800 米短跑是速度最快的一种。我在那个家伙的右边跑道，跑在第四的位置，我严格执行自己制订的计划。所有选手的速度都相当快，我记得当时我很惊讶，我居然跟 800 米短跑的顶级高手们齐头并进。接着，我开始变得更自信、更勇敢——或许我至少可以把这些家伙中的一个甩到身后。啊，我依然能够清晰地记得当我考虑"超车"时浑身那种血脉喷张的感觉。这将可以向我的教练显示出我的进步有多么神速。

非常不幸的是，我从未获得这种机会。当我们跑到第三圈的时候，突然，我发现前面一位来自印第安纳州的选手做出了一个异常的动作。我直到赛后才知道发生了什么。当他跑到弯道位置的时候，他的身体朝赛道的内侧倾斜太严重，肩膀撞到了一根钢柱上面。从那一瞬间开始，赛场上出现了多米诺效应。那位选手慌乱地跌倒，紧随其后的第二位选手撞到他身上，然后第三名选手伸出手，企图避免撞到第二名选手，然后是紧随第三名选手之后的我。由于速度太快，根本来不及变向，我撞到了我前面那位选手的背上。就像一股电流击打到我的腿上，某位选手刀子般锋利的鞋钉刮到我的小腿胫骨部位，立马在我小腿上开了一个口子。

　　就像高速公路上的十车连环相撞，身体在空中翻起了跟斗。人堆里传出了啊啊哦哦的叫声，身体重重地摔在跑道上，选手在橡胶地面上的滑动摩擦出一股明显的皮肤灼烧的味道。那真是一场灾难。

我们都会在生活中受伤。可能跑步时摔倒在跑道上、交通事故、冰面上滑倒，或者在舞池里过于兴奋，所以我们都有需要处理伤病的时候。然而讽刺的是，大部分跑步机上的跑者不是在跑步的时候受伤，而是因为其他的原因，只是他们恰好在跑步的时候发现了罢了。这些我们希望是短暂性的限制有时候会伴随终生。无论你身上有过什么损伤或者你的身体极限如何，跑步机都可以是你恢复路上给你惊喜的良友。

·特殊情况·

身体损伤

　　几乎每一个理疗康复中心都有一台跑步机，这并非偶然。跑步机拥有在尽可能快或者尽可能慢的情况下对你在不同坡度上的每一步进行测量的独特能力。这也是内科医生、理疗师和教练在通过记录你的情况、调整你的动作来安全而迅速地指导你进行康复时使用的唯一方法。正如前文所提到的，跑步机是一台巨大的计算器，它能够监控你每一步的进展，而这恰好是治疗痛苦的损伤的关键。

如果你刚刚经历过手术、生育，或正在伤病恢复期，跑步机是康复期间既安全又高效的锻炼工具，先走路、慢跑，最后跑起来。

骨科手术的限制

均衡间歇训练法这类训练方法的最大优点就是具有特别设计的训练可调节性。我已经对拥有各种各样的身体限制和处于不同身体状况的人使用过这种训练法。这些年里，我曾训练过一个脊椎完全熔合在一起的拥有三个孩子的母亲。虽然她有身体上的限制，但她在跑步机训练上取得了惊人的成果，高效地进行了安全而具有挑战性的训练。当看到有些人因为训练对自己的身体状况不具有可调节性而无法进行时，我真的感到非常痛心。记住，本书建议的训练速度都是最适合你的最佳速度。通过进行本书的训练，跑者也可以取得其他训练速度稍快的训练者所取得的效果，同时鼓舞有身体限制的朋友，帮助他们发现健康和健身的乐趣。因为《终极跑步机健身》是目前最规范、最精确的跑步机训练指南，确保训练方法适用于每一个人。

> 只要你能走路，你就能做本书提供的所有训练项目。

怀孕与产后

你的医生应该对你在怀孕时的训练能力有着"专业的"评价。我辅导过很多在怀孕期间训练的女性，她们都被允许做有氧运动。

我一直建议怀孕初期，特别是前四到六周的孕妇减少跑步训练或者不跑步。大部分医生都允许孕妇在妊娠中期（3~6个月）开始后做更剧烈的训练，而我也观察到孕妇在妊娠中期取得了最好的连贯性与训练效果。我看到过很多了不起的孕妇，她们尽可能在怀孕期保持身材。很多在怀孕期接受过我的辅导的女性都会回头跟我说，这种跑步方法让分娩更健康、更迅速，甚至帮助她们迅速恢复到怀孕前的身材。记住，怀孕期间不是减肥的时候，但这是保持强壮、健康的时候。认为孕妇应该待在家里不下床的观点已经过时了（不幸的是，男性总持有这种观点）。女性在怀孕期间不仅令人难以置信的坚强，而且很多研究也表明，怀孕期间保持身体活跃对健康有好处。

> 你的医生需明确指出你能否进行散步或跑步等锻炼。开展新的健身计划前必须咨询医生。

如同户外跑步一样，要确保安全、平稳。尽管跑步这种运动不会对未出生的婴儿造成伤害，但你也需要照顾好自己的身体。要记得补水！肚子里的小宝宝会对身体造成小负担，所以你的肌肉要承担一些额外的工作量。踏上跑步机时带上一瓶满满的水，然后在跑步过程中不时小喝一口。如果你不喜欢喝太多水的话，也要注意在恢复间歇时喝上一口水。这能让你在间歇期间有所期待。同时记住，如果你要在怀孕期间做有氧运动的话，那你就要加大日常的热量摄入。如果你在妊娠中期加强有氧运动的强度，那么你需要每天增加 300 卡路里的摄入，在妊娠晚期增加到每天 500 卡路里。宝宝的发育需要你体重不断增加，但是别担心，只要你保持身体活跃，这些卡路里就会得到消耗。专门负责怀孕运动员的营养学家米歇尔·乌尔里奇（Michelle Ulrich）提醒我们，孕妇应当加大叶酸、钙、铁和纤维物质等卡里路的摄入。

怀孕期间并不是学习成为一名优秀跑者的时候。如果你怀孕前从不跑步，你的身体会经历一系列从未经历过的改变和适应。因为怀孕本身会给你的身体增加压力，所以，如果跑步对你来说是一种全新的锻炼方式，你的身体就需要时间来改变，以适应一个新的运动环境。当你的身体在处理不同方面的压力时，这种改变和适应并不能正确而安全地进行。如果医生允许你散步，那你就可以在跑步机上散步。但是，再次提醒，不要在怀孕期间学习成为一名世界级的跑步机跑者。

如果你在怀孕前就时不时地或者有规律地跑步，而且你的医生也允许你跑步，那么这种跑步方法就非常适合你。无数的女性跑者都认为这种跑步方法安全、易于调整，而且能在保持兴奋的同时压制跑步的欲望。许多医生和专家都认为怀孕期间进行适当的跑步锻炼有助于健康妊娠，同时促进产后快速恢复。

我跟很多产后的女性说重新开始跑步训练时需要耐心。产后的身体要承受很多女性都没有想到的压力。除了恢复核心力量，还有其他的东西需要注意。很多产后的女性会在脚部或脚趾处发生应力性骨折。因为你刚出生的宝宝在你体内时会降低你的骨密度。跑步，特别是快跑，需要脚趾骨的推动力。如果脚趾头不在最好的状态，过大的压力会造成骨头裂缝，即应力性骨折。我认为最好先恢复散步、快走等运动，到六周后再逐渐增加一点运动强度会更安全。该什么时候恢复跑步难以确切地确定，因为这很大程度上取决于你的怀孕状况和环境。例如，如果你通过剖宫产进行生产，你应该在产后至少六周内避免跑步和任何腹部运动，无论运动强度多么低。产后三至六周进行简单的散步会比较安全，但是由于大量的核心肌群参与，产后至少六周内需要避免跑步。如果你是毫无困难的自然生产，那么你可以比剖宫产者提早两到三周恢复简单跑步。如果你没遭受过应力性骨折，也要注意预防。但好消息是，如果你在怀孕期间保持身体活跃的话，你产后的身体将会恢复得很快。

> 如果你怀孕之前很少跑步，怀孕后不要进行跑步。因为这时候你的身体可能负担不起新的锻炼方式。

> 产后能恢复跑步机跑步的时间为四到六周后。

很多女性产后回头跟我说她们的身材恢复了，身材甚至比怀孕前还要好。我知道这难以置信，但这都是我亲眼目睹的。大学时我曾与一个叫曼迪·赞巴的女孩进行赛跑。她跟我一样，都是来自密歇根州北部半岛的安静而内敛的跑者。她是我见过的最谦虚的跑者，这一点我可没料到。因为她竟然是大峡谷州立大学历史上获奖最多的学生运动员，是大学生田径史上最不能惹的人之一。但最让我印象深刻的不是她拿过 8 次 NCAA 全国冠军，并且13 次入选 NCAA 全美青少年明星队，而是这一切荣誉都是她大学生田径生涯期间生完孩子后所获得的！我从她身上看到跑步在怀孕期间带来的益处，以及这如何让她在产后恢复身体并以运动员的身份重返辉煌事业。

我很庆幸自己没有骨科手术带来的身体限制（虽然我的朋友们看过我跳舞后都觉得我做过手术）。但我曾受过伤，也曾不得不花时间

> 为避免男同胞们感到疑惑，我告诉你们吧，男性的产后恢复期是 0 天。

恢复，而且我确实是利用跑步机进行恢复的。我的第一次受伤发生在跑道上。尽管事情已经过去了很多年，但身上那永恒的伤疤总会让我回想起自己与一堆擦伤的人缠在一起的画面。我也还记得体内的肾上腺素让我爬了起来，带着满身的伤痕，拖着腿一瘸一拐地走向终点线。大概一半的人完成了比赛，虽然场面看起来像在拍《行尸走肉》。虽然听起来不是很公正，但是我确实赢了一个之前跑在我前面的选手——他倒下了没能站起来，无法完成赛事。但是，嘿，赢了就是赢了，对吧？

第九章

努力争取！

在这个气候持续恶化、街头日益拥挤、都市生活越来越繁忙的世界，跑步机可能是都市跑步新时代中最有用的健身器材。它不一定是无聊、痛苦或者可怕的，相反，它可以成为你忠诚的伙伴，为你的精彩生活再添一抹色彩。通过本书，我真诚地希望你能找到一条科学的健身之路，成为更强大、更安全、更积极主动的跑者。像其他事情一样，征服"完美跑"是一个过程。

好几年前，我曾站在一张堆满书本的桌子前阅读健身类书籍。我当时一次又一次地被同一种信息蒙蔽了双眼——承诺。每一本书都在承诺着，世界上耗时最短的健身法、世界上最好玩的健身法、最奇特的健身法、最流行的健身法，还有各种所谓的健身捷径，等等。我不同意这些书所传递的信息，而我要告诉你的是这些书中所没有的信息。作为健身专业人士，我们经常会犯下总想着引领下一轮疯狂潮流的错误，例如最新潮器械、最让人上瘾的锻炼方法等。我当时盯着满桌子的书，发现我们已经到达了人类健康与健身的临界点了。我们已经忘记了初衷，我们跑得太远了——真是一语双关，我们已经偏离了让自己健壮、苗条、结实、充满活力的出发点。我当时还意识到，我能贡献给健身事业的最伟大的创新就是向人们阐述跑步所带来的回报，让人们回归到健身世界所有精华的基础上。这本书并非只是一堆锻炼方法，它还是一个有关健身的故事，提醒着我们如果我们能够从疯狂中回归理性，找到更有效的方法去做我们早已知道怎么做的训练，我们就能变得无人可挡。

　　工程师发明了前人梦寐以求的跑步机。无论你是散步者、慢跑者还是专业运动员，现在就是改善自己最好的时候。但是，我想最后一次提醒你，你必须选择让自己跑起来——这是我能给你的最有力量的忠告。人们不喜欢跑步只因一个原因——他们不喜欢运动。我希望你并不是这一类人。我希望你不会害怕，不会为自己找借口，不会因周围的事物而分心。本书的均衡跑步训练法能够也将会改变你的生活，但前提是你必须采取这种方法并努力去实践。我传递的训练方法不是小花招，不是捷径，也不是其他书籍所介绍的狗屁理论（对不起，但我就是这么想的）。当你接受这种训练法，你将会爱上跑步以及随之而来的收获。当你感觉训练变得艰苦，脚下的跑步机在咆哮的时候，深吸一口气，回想我对你的承诺。征服跑步，在跑步中忘掉自我。在你冲过终点线的那一刻，你会感觉自己无比强大，最终你会为自己的价值感到无比自豪。人生中，这种让自己充满力量的感觉非常难得。朋友，这种感觉，简直就是一切。

第二部分

跑步机健身

第十章

健身要点

现在你已经掌握要成为更有见识、更雄心壮志的跑者所需的所有方法，那么开始锻炼吧！接下来是你开始锻炼前需要知道的一些基础知识。

·选择你的起跑速度——即插即用·

每一次开始跑步锻炼时，我都会告诉你起跑速度应该低于你的一分钟PB多少。记住，你的PB应该参照你认为你在训练结束时一分钟内的最快速度。这和你的能力无关；只要你能通过简单的数学计算算出起跑速度，后面的跑步就保证不成问题。为了更好地进行间歇训练，你需要对你自己的能力进行评估。

这本书特别设计了一个"即插即用"格式。你需要把你的起跑速度

"插"进表格里作为参考，并且填上每一次速度变化。这样，你就能知道你应该以什么速度起跑了。这种选择起跑速度的方法是该训练法的鲜明特征，对你日后的成功至关重要。我在每一次训练中提供了一个参考速度，通过这些速度你就可以直观地看到自己的速度变化。正如我在本书开头所说的，如果你不想进行任何思考，只想要一种简单、愚蠢、帮你归好类的训练方法，这本书不适合你。但如果你想要世界上最好的跑步机健身方法，想要全美最流行的跑步机健身课程，那这种方法就是你想要的一切。

一次训练后你就能得到你的 PB，但是为方便参考，下面是大部分人的 PB 范围。

1分钟 PB

- 4~6mph——跑步新手或有身体限制的跑者的 PB 范围

- 6~8mph——偶尔跑步并且有间歇训练经验的跑者的 PB 范围

- 8~10mph——自认为有经验并且有规律地间歇训练，或者偶尔参加跑步比赛的跑步爱好者的 PB 范围

- 10mph 以上——高水平跑者和比赛选手的 PB 范围

阅读你的健身数据

每次训练占一到三页，每页一个环节，所以你可以很方便地看到自己的健身数据。了解锻炼的进展是成功的关键，所以要通读数据，熟悉每一次训练的流。不要跳过这一步，因为了解自己的跑步情况能让自己心里有个底，还能保证在每一次锻炼中实现时间和投入产出的最大化。所以，你必须以事实说话，放弃过去对锻炼固有的理解。

使用跑步机

我不推荐在跑步机上拼命加速或者以过快的速度开始跑步。因为这实际上是在偷懒，而且不安全。当你的身体需要逐渐提高速度的时候再提高速度。同时，跑步时不要用手抓着跑步机。如果你非得抓着的话，请放慢跑步速度。使用跑步机的时候，你需要记住以下几点：

· 前置时间——每次间歇跑前预留 10 秒的加速时间。

· 不要在跑步机加速后再踏上跑步机。

· 如果跑步机功能允许，将你的最快速度计划其中。

· 如果在家跑步，锻炼时不要用手抓着跑步机。

计时

坚持计时。用闹钟也好，跑步机的计时器或者手表也罢，一定要计时。时间总是悄悄而来、悄悄而走的。记住，恢复时长是不可商量的。一分钟的恢复时长就必须是一分钟。这种跑步方法如此有效的原因之一，就是它不包含那些让人不用思考而且让跑步机跑步变得极度无聊的所谓的"捷径"。习惯使用计时器或者跑步机计时是最好的确保时间的方法。同时，这也是对头脑的一种锻炼，因为你需要在脑海中计算时间。比如，当你开始 90 秒的恢复时跑步机显示 1∶30，你就知道跑步机显示 3∶00（1∶30 加上 90 秒）的时候你就必须再次跑起来。有些人一开始不习惯，需要更多的时间练习，但是我向你保证，你所做的努力都是值得的。同时，我强烈推荐买一个便宜但可以计时的运动手表。当然，用手机或者秒表也未尝不可。任何让你感觉舒服、有效的计时方法都是理想的计时方法。这样，你就能给自己当教练——虽然我真心希望我能在你身边告诉你什么时候起跑、什么时候停下来。要想成为更好、更聪明、更强壮的跑者，学习当自己的教练是最值得、最让人上瘾、最有效的方法之一。

头脑和身体都得到充分锻炼之日，就是你成就伟大之时。这就是跑步如此迷人的原因。成为时间的主人吧！如果偶尔有一次比较复杂的间歇跑出现了计时差错，不要感到压力。这些锻炼的美丽之处在于，你能在不断重复的跑步练习中找到乐趣和收获。每一次练习都让你进一步成为时间的主人。

拉伸——热身与放松

经过一段时间的步行或者慢跑后，你应该走下跑步机，做一些动态拉伸。静态拉伸不如动态拉伸安全、有效。一开始先做温和的动态拉伸，通过小幅度的动作，可以让肌肉和身体组织得到热身。手臂绕环就是动态拉伸的方法之一。这些拉伸动作需要在开始本书的训练前做好。还有踢臀跑、高抬腿、侧压腿、绕肩等都是动态拉伸的好动作。不要忘记跑步的时候上半身与下半身同等重要。虽然训练不会以冲刺速度开始，但起跑速度也已经足够快，需要先热身。

我个人认为放松几分钟后最好使用泡沫轴。如果你没有的话，买一个吧。泡沫轴能帮助你释放肌肉、韧带和筋腱的多余能量，缓解这些部位的紧张感。你应该在健身房见过别人使用这种又长又硬的管状物。由于泡沫轴能够放松肌筋膜，很多精英运动员都会在休息和恢复时使用。通过按摩肌肉，泡沫轴能放松和拉伸身体组织。按摩时产生的压力能够放松肌肉周围绷紧的组织，放松筋腱，促进血液流动。对于身体有灵活性限制或者有肌肉拉伤史的朋友，泡沫轴更是极其有效的热身神器。在跑步前后使用泡沫轴是最聪明的选择。

如果你想做一些传统的静态拉伸的话，最好在放松后再做。

第十一章

三周完成强势启动

　　欢迎来到第一轮均衡间歇训练的开端训练！接下来的训练会逐渐增加时长和复杂性，以此保证无论你能力如何都能打好基础，为下一章的"六周实现跑步革命"做好充分的准备。你需要每周进行三次跑步，所以我建议你安排好日程表，为三次跑步定制好足够长的间歇。两次跑步中间至少相隔一天。阅读完具体内容后，你会发现这些表格会清楚地告诉你下一步该做什么。现在，深吸一口气，准备好与跑步机开始一段全新的旅程吧。

第 1 周

第 1 周你的主要任务是相对较短的 20 分钟跑。

第 1 跑——轻松 60 秒

这是这项训练计划的最佳入门：分为两个环节的一系列
60 秒间歇跑。你将学会如何增加坡度，以及如何取消坡
度、增加速度。

第1周——第1跑

环节1

具体步骤：起跑速度为一分钟PB减1.5mph。你需要运用第39页的"PB速度范围推荐"决定你的起跑速度。这是你第一次得到自己的一分钟PB，所以即使感觉不好也不用过于担心。通过这次跑步，你会对自己的一分钟PB有一个更好的认识。本环节中，速度保持不变，坡度逐次提高。

间歇	速度	你的速度	坡度	恢复（坡度全部为0%）
60 秒	PB-1.5mph，如：6.5		0%	1 分钟中等恢复
60 秒	同样的速度		1%	1 分钟中等恢复
60 秒	同样的速度		2%	1 分钟中等恢复
60 秒	同样的速度		3%	2 分钟完全恢复

第1周——第1跑

环节 2

具体步骤：以上一环节的最终速度与坡度起跑，然后速度逐次增加0.5mph，坡度逐次下降。本方法能帮助你测出你的一分钟最快目标速度。最后一次间歇跑时你的力气应该感觉要用光了。

间歇	速度	你的速度	坡度	恢复（0%）
60 秒	上一环节最后一轮速度，如：6.5		3%	1 分钟中等恢复
60 秒	+0.5mph，如: 7		2%	1 分钟中等恢复
60 秒	+0.5mph，如: 7.5		1%	1 分钟中等恢复
60 秒	+0.5mph，如: 8		0%	放松

第1周——第1跑

日期：

起跑速度：

PB目标：

平均恢复速度：

距离：

笔记：

第1周

第2跑——忍受

本次训练的两个环节呈现金字塔形式。首先往上爬，间歇跑时长逐渐变短，然后往下走，时长逐渐变长。本次训练之所以被称为"忍受"，是因为当你到达金字塔顶端后，你要"忍受"着最高速度进行接下来的间歇跑。加油吧！

第1周——第2跑

环节 1

具体步骤：起跑速度为一分钟 PB 减 1mph。注意，实际上你最终的速度会增加超过 1mph，因为在最后一轮跑步你的速度会增加 1.5mph，这时候速度会比一分钟 PB 略快。每次间歇跑速度增加 0.5mph，坡度变化如表格所示。

间歇	速度	你的速度	坡度	恢复（0%）
60 秒	PB-1mph，如：7		5%	1 分钟中等恢复
50 秒	+0.5mph，如：7.5		3%	1 分钟中等恢复
40 秒	+0.5mph，如：8		1%	1 分钟中等恢复
30 秒	+0.5mph，如：8.5		0%	2 分钟完全恢复

第1周——第2跑

环节2

　　具体步骤：起跑速度为上一环节的最终速度。保持速度不变，坡度保持在3%。这时候你要开始"忍受"了：保持速度不变的情况下间歇跑时长不断增加，保持在3%的坡度直至结束。

间歇	速度	你的速度	坡度	恢复（0%）
30 秒	上一环节最后一轮速度，如：8.5		3%	1 分钟中等恢复
40 秒	同样的速度		3%	1 分钟中等恢复
50 秒	同样的速度		3%	1 分钟中等恢复
60 秒	同样的速度		3%	放松

第1周——第2跑

日期：_____

起跑速度：_____

PB目标：_____

平均恢复速度：_____

距离：_____

笔记：_____

_____

_____

_____

_____

第 1 周

第 3 跑——善恶双子

训练要变得有趣起来了。这次你需要在进行一次无坡度间歇跑（"善子"）后以相同的速度在一定的坡度上进行下一轮间歇跑（"恶子"）。在未来的六周中你会遇到更多类似的训练方式。

第1周——第3跑

环节1

具体步骤：起跑速度为一分钟PB减1.5mph。本环节共三组"善恶双子"，速度逐次增加，间歇跑时长逐次降低。每次无坡度间歇跑（"善子"）速度增加后，保持该速度进行坡度跑（"恶子"）。

间歇	速度	你的速度	坡度	恢复（0%）
60 秒	PB-1.5mph，如：6.5		0%	1 分钟中等恢复
60 秒	同样的速度		4%	1 分钟中等恢复
45 秒	+0.5mph，如：7		0%	1 分钟中等恢复
45 秒	同样的速度		4%	1 分钟中等恢复
30 秒	+0.5mph，如：7.5		0%	1 分钟中等恢复
30 秒	同样的速度		4%	2 分钟完全恢复

第1周——第3跑

环节2

具体步骤：本次挑战充满惊喜。形式与上一环节差不多，但你需要以上一环节的最高速度起跑。所以本环节中的起跑速度会比上一环节的快 1mph。为了平衡速度增加，坡度跑的坡度可以稍微降低一点。注意，当间歇跑时长低于一分钟时，你的速度已经超过你的一分钟 PB 了。

间歇	速度	你的速度	坡度	恢复（0%）
60 秒	上一环节最后一轮速度，如：7.5		0%	1 分钟中等恢复
60 秒	同样的速度		3%	1 分钟中等恢复
45 秒	+0.5mph，如：8		0%	1 分钟中等恢复
45 秒	同样的速度		3%	1 分钟中等恢复
30 秒	+0.5mph，如：8.5		0%	1 分钟中等恢复
30 秒	同样的速度		3%	放松

第1周——第3跑

日期：

起跑速度：

PB目标：

平均恢复速度：

距离：

笔记：

第 2 周

本周训练时长将增加 10 分钟。这听起来不是很多，但把训练时长增加到 30 分钟对注意力和耐力来说是一个新挑战。本周我会告诉你如何通过恢复促进脂肪燃烧，让你强壮起来。

第 4 跑——坡度恢复

本次训练的速度会加快。利用均衡间歇训练法促进恢复有三种方法，下面我先介绍第一种方法。

第2周——第4跑

环节1

具体步骤：起跑速度为一分钟 PB 减 1mph。别担心，本环节都是无坡度间歇跑。间歇跑速度逐次只需增加 0.2mph。

间歇	速度	你的速度	坡度	恢复（0%）
60 秒	PB-1mph，如：7		0%	1 分钟中等恢复
60 秒	+0.2mph，如：7.2		0%	1 分钟中等恢复
60 秒	+0.2mph，如：7.4		0%	1 分钟中等恢复
60 秒	+0.2mph，如：7.6		0%	1 分钟中等恢复
60 秒	+0.2mph，如：7.8		0%	1 分钟中等恢复
60 秒	+0.2mph，如：8		0%	2 分钟完全恢复

第2周——第4跑

环节 2

具体步骤：本环节中，你需要以上一环节的最高速度进行每次一分钟的间歇跑，但每次进行恢复时坡度逐次增加。注意，必须要在间歇跑结束和恢复开始时立即增加坡度，不然你就会错过了。

间歇	速度	你的速度	坡度	恢复
60 秒	上一环节的最高速度，如：8		0% 间歇；3% 恢复	1 分钟中等恢复坡度为 3%
60 秒	同样的速度		0% 间歇；4% 恢复	1 分钟同样的恢复速度坡度为 4%
60 秒	同样的速度		0% 间歇；5% 恢复	1 分钟同样的恢复速度坡度为 5%
60 秒	同样的速度		0% 间歇；6% 恢复	1 分钟同样的恢复速度坡度为 6%
60 秒	同样的速度		0% 间歇；7% 恢复	1 分钟同样的恢复速度坡度为 7%
60 秒	同样的速度		0% 间歇	放松

第2周——第4跑

日期：

起跑速度：

PB目标：

平均恢复速度：

距离：

笔记：

第 2 周

第 5 跑——恢复缩减

本周训练的恢复时长将会缩短。间歇跑速度首先会加快，恢复时长缩短。这是利用均衡间歇训练法促进恢复的第二种方法。这次训练中时间很重要，把握好！

第2周——第5跑

环节1

具体步骤：起跑速度为一分钟 PB 减 2mph。速度逐次增加，坡度逐次下降。速度会变得很快哦！

间歇	速度	你的速度	坡度	恢复（0%）
60 秒	PB-2mph，如：6		5%	1 分钟中等恢复
60 秒	+0.4mph，如：6.4		4%	1 分钟中等恢复
60 秒	+0.4mph，如：6.8		3%	1 分钟中等恢复
60 秒	+0.4mph，如：7.2		2%	1 分钟中等恢复
60 秒	+0.4mph，如：7.6		1%	1 分钟中等恢复
60 秒	+0.4mph，如：8		0%	2~3 分钟完全恢复

第2周——第5跑

环节 2

具体步骤：本环节中，间歇跑所增加的速度跟上一环节一样（但本环节每次增加 0.5mph，而不是 0.4mph，因为间歇跑次数减少了）。但是，本环节为无坡度间歇跑，因为你的恢复时长会每次缩短 10 秒。时间很重要，挑战也会让你大开眼界。注意盯紧计时器！

间歇	速度	你的速度	坡度	恢复（0%）
60 秒	PB-2mph，如: 6		0%	60 秒中等恢复
60 秒	+0.5mph，如: 6.5		0%	50 秒中等恢复
60 秒	+0.5mph，如: 7		0%	40 秒中等恢复
60 秒	+0.5mph，如: 7.5		0%	30 秒中等恢复
60 秒	+0.5mph，如: 8		0%	放松

第2周——第5跑

日期：＿＿＿＿＿＿＿＿＿＿＿＿＿＿＿＿＿＿＿＿＿＿＿＿＿＿＿

起跑速度：＿＿＿＿＿＿＿＿＿＿＿＿＿＿＿＿＿＿＿＿＿＿＿＿

PB目标：＿＿＿＿＿＿＿＿＿＿＿＿＿＿＿＿＿＿＿＿＿＿＿＿＿

平均恢复速度：＿＿＿＿＿＿＿＿＿＿＿＿＿＿＿＿＿＿＿＿＿＿

距离：＿＿＿＿＿＿＿＿＿＿＿＿＿＿＿＿＿＿＿＿＿＿＿＿＿＿＿

笔记：＿＿＿＿＿＿＿＿＿＿＿＿＿＿＿＿＿＿＿＿＿＿＿＿＿＿＿

＿＿＿＿＿＿＿＿＿＿＿＿＿＿＿＿＿＿＿＿＿＿＿＿＿＿＿＿＿＿

＿＿＿＿＿＿＿＿＿＿＿＿＿＿＿＿＿＿＿＿＿＿＿＿＿＿＿＿＿＿

＿＿＿＿＿＿＿＿＿＿＿＿＿＿＿＿＿＿＿＿＿＿＿＿＿＿＿＿＿＿

＿＿＿＿＿＿＿＿＿＿＿＿＿＿＿＿＿＿＿＿＿＿＿＿＿＿＿＿＿＿

第 2 周

第 6 跑——恢复速度

本次训练中我会向你展示如何通过改变速度进行恢复。首先，第一环节中间歇跑速度会不断增加。然后在最后一个环节中，间歇跑速度逐渐回落。通过这个训练，你的恢复速度会得到很好的改善，为接下来的挑战打好基础。

第2周——第6跑

环节 1

具体步骤：起跑速度为一分钟 PB 减 1mph。回归到一分钟间歇跑，环节结束时速度总共增加 1mph。现在你应该差不多摸索出你的一分钟 PB 是多少了。跑步过程中需要一点点坡度用于热身。

间歇	速度	你的速度	坡度	恢复（0%）
60 秒	PB-1mph，如：7		2%	1 分钟中等恢复
60 秒	+0.2mph，如：7.2		2%	1 分钟中等恢复
60 秒	+0.2mph，如：7.4		2%	1 分钟中等恢复
60 秒	+0.2mph，如：7.6		2%	1 分钟中等恢复
60 秒	+0.2mph，如：7.8		2%	1 分钟中等恢复
60 秒	+0.2mph，如：8		2%	2 分钟完全恢复

第2周——第6跑

环节 2

　　具体步骤：起跑速度为上一环节的最终速度。速度逐次下降直至降到上一环节的起跑速度。但是，本环节中，降低间歇跑速度的同时你需要增加恢复速度（间歇跑速度逐次降低 0.2mph，恢复速度逐次上升 0.3mph）。你的第一个恢复速度需要比间歇跑速度刚刚好低 3mph。这是一场间歇跑速度与恢复速度之间的拔河赛。记得填写"你的恢复速度"一栏，这样的话你就不会迷失方向了。

间歇	速度	你的速度	你的恢复速度	坡度	恢复（0%）
60 秒	上一环节的最终速度，如：8			0%	1 分钟从间歇速度减3mph，如：5
60 秒	-0.2mph，如：7.8			0%	1 分钟上一个恢复速度加0.3mph，如：5.3
60 秒	-0.2mph，如：7.6			0%	1 分钟上一个恢复速度加0.3mph，如：5.6
60 秒	-0.2mph，如：7.4			0%	1 分钟上一个恢复速度加0.3mph，如：5.9
60 秒	-0.2mph，如：7.2			0%	1 分钟上一个恢复速度加0.3mph，如：6.2
60 秒	-0.2mph，如：7			0%	放松

第2周——第6跑

日期：

起跑速度：

PB目标：

平均恢复速度：

距离：

笔记：

第 3 周

初学者现在应该自信了不少，而跑步老手也应该心痒痒的，想挑战更强的训练了。本周的训练是铸就结实、健康基石的最后一步了。同时，本周的训练还能大大地促进脂肪燃烧。迎接挑战，你就能无所畏惧。

第 7 跑——脂肪燃烧

90 秒间歇跑训练来了。这当然不如 30 秒冲刺跑有趣，但是能够增强你的耐力，促进脂肪燃烧，让你获得意想不到的效果。本周共三个环节，一个 60 秒间歇跑，一个 30 秒间歇跑，最后一个 90 秒间歇跑。

第3周——第7跑

环节1

具体步骤：起跑速度为一分钟 PB 减 2mph。虽然速度保持不变，但坡度逐次增加。

间歇	速度	你的速度	坡度	恢复（0%）
60 秒	PB-1mph，如：7		1%	1 分钟中等恢复
60 秒	同样的速度		2%	1 分钟中等恢复
60 秒	同样的速度		3%	1 分钟中等恢复
60 秒	同样的速度		4%	1 分钟中等恢复
60 秒	同样的速度		5%	1 分钟中等恢复
60 秒	同样的速度		6%	2 分钟完全恢复

第3周——第7跑

环节 2

　　具体步骤：起跑速度为上一环节的最终速度。起始坡度为上一环节的最终坡度，坡度逐次下降。注意，因为是 30 秒的短跑，所以速度最终会超过你的 PB。

间歇	速度	你的速度	坡度	恢复（0%）
30 秒	上一环节的最终速度，如：7		6%	1 分钟中等恢复
30 秒	+0.3mph，如：7.3		5%	1 分钟中等恢复
30 秒	+0.3mph，如：7.6		4%	1 分钟中等恢复
30 秒	+0.3mph，如：7.9		3%	1 分钟中等恢复
30 秒	+0.3mph，如：8.2		2%	1 分钟中等恢复
30 秒	+0.3mph，如：8.5		1%	2 分钟完全恢复

第3周——第7跑

环节3

具体步骤：起跑速度与环节 1 的起跑速度相同。本环节需要把前面两个环节结合起来。60 秒间歇跑结束后，开始 30 秒间歇跑时增加如表所示的速度。

	间歇	速度	你的速度	坡度	恢复（0%）
（90 秒）	60 秒	环节 1 的速度，如：7		0%	1 分钟中等恢复
	30 秒	+0.3mph，如：7.3			
（90 秒）	60 秒	同样的起跑速度，如：7		0%	1 分钟中等恢复
	30 秒	+0.6mph，如：7.6			
（90 秒）	60 秒	同样的起跑速度，如：7		0%	1 分钟中等恢复
	30 秒	+0.9mph，如：7.9			
（90 秒）	60 秒	同样的起跑速度，如：7		0%	1 分钟中等恢复
	30 秒	+1.2mph，如：8.2			
（90 秒）	60 秒	同样的起跑速度，如：7		0%	放松
	30 秒	+1.5mph，如：8.5			

第3周——第7跑

日期：＿＿＿＿＿＿＿＿＿＿＿＿＿＿＿＿＿＿＿＿＿＿＿＿

起跑速度：＿＿＿＿＿＿＿＿＿＿＿＿＿＿＿＿＿＿＿＿＿＿

PB目标：＿＿＿＿＿＿＿＿＿＿＿＿＿＿＿＿＿＿＿＿＿＿

平均恢复速度：＿＿＿＿＿＿＿＿＿＿＿＿＿＿＿＿＿＿＿＿

距离：＿＿＿＿＿＿＿＿＿＿＿＿＿＿＿＿＿＿＿＿＿＿＿＿

笔记：＿＿＿＿＿＿＿＿＿＿＿＿＿＿＿＿＿＿＿＿＿＿＿＿

＿＿＿＿＿＿＿＿＿＿＿＿＿＿＿＿＿＿＿＿＿＿＿＿＿＿

＿＿＿＿＿＿＿＿＿＿＿＿＿＿＿＿＿＿＿＿＿＿＿＿＿＿

＿＿＿＿＿＿＿＿＿＿＿＿＿＿＿＿＿＿＿＿＿＿＿＿＿＿

＿＿＿＿＿＿＿＿＿＿＿＿＿＿＿＿＿＿＿＿＿＿＿＿＿＿

第 3 周

第 8 跑——法特莱克训练法基础

本周我通过均衡间歇训练法向你展示基础变速跑训练。法特莱克是最常见的跑步方式，意为"变速跑"。

第3周——第8跑

环节1

　　具体步骤：选择 3 个速度进行循环跑。我建议慢速是一分钟 PB 减 3mph，中速比慢速增加 1mph，快速比中速增加 1mph。本环节中不需改变这三个速度。记住，慢速在法特莱克训练法中是你唯一的恢复机会。本环节为无坡度间歇跑，帮助你更好地为变速跑打好基础。

间歇	速度	你的速度	坡度	恢复（0%）
1 分钟慢速	PB-3mph，如：5		0%	无
1 分钟中速	+1mph，如：6		0%	无
1 分钟快速	+1mph，如：7		0%	无
1 分钟慢速	相同的慢速，如：5		0%	无
1 分钟中速	相同的中速，如：6		0%	无
1 分钟快速	相同的快速，如：7		0%	无
1 分钟慢速	相同的慢速，如：5		0%	无
1 分钟中速	相同的中速，如：6		0%	无
1 分钟快速	相同的快速，如：7		0%	2~3 分钟完全恢复

第3周——第8跑

环节 2

具体步骤：起跑速度与上一环节一样。每个速度增加相应的坡度，帮助你感受变速跑中小小的变化带来的影响。记住，变速跑中慢速跑用于恢复。

间歇	速度	你的速度	坡度	恢复（0%）
1 分钟慢速	PB-3mph，如：5		3%	无
1 分钟中速	+1mph，如：6		2%	无
1 分钟快速	+1mph，如：7		1%	无
1 分钟慢速	相同的慢速，如：5		3%	无
1 分钟中速	相同的中速，如：6		2%	无
1 分钟快速	相同的快速，如：7		1%	无
1 分钟慢速	相同的慢速，如：5		3%	无
1 分钟中速	相同的中速，如：6		2%	无
1 分钟快速	相同的快速，如：7		1%	2~3 分钟完全恢复

第3周——第8跑

环节 3

　　具体步骤：起跑速度与上一环节一样。接下来，三个速度都会比上一环节要快。第一轮循环跑后，每个速度增加 0.5mph，进行两次。记住，慢跑是恢复时间。

间歇	速度	你的速度	坡度	恢复（0%）
1 分钟慢速	PB-3mph，如：5		3%	无
1 分钟中速	+1mph，如：6		2%	无
1 分钟快速	+1mph，如：7		1%	无
1 分钟慢速	慢速 +0.5mph，如：5.5		3%	无
1 分钟中速	+1mph，如：6.5		2%	无
1 分钟快速	+1mph，如：7.5		1%	无
1 分钟慢速	慢速 +1mph，如：6		3%	无
1 分钟中速	+1mph，如：7		2%	无
1 分钟快速	+1mph，如：8		1%	放松

第3周——第8跑

日期：

起跑速度：

PB目标：

平均恢复速度：

距离：

笔记：

第 3 周

第 9 跑——恐怖两分钟间歇跑

别担心，其实没那么恐怖，但本周进行的确实都是两分钟间歇跑，这也是均衡间歇训练法中会用到的最长时间。好吧，确实有点恐怖。本周包括两个环节，一个关于坡度，一个关于速度。生命中可怕的事情多着呢，我们要勇敢面对这恐怖的两分钟间歇跑。

第3周——第9跑

环节 1

具体步骤：起跑速度为一分钟 PB 减 2mph。本环节只改变坡度。间歇跑过程中请留意改变坡度的时刻，确保坡度按时改变。每次间歇跑长达两分钟，两次间歇跑之间有 1 分钟的恢复时间。

	间歇	速度	你的速度	坡度	恢复（0%）
（2分钟）	1 分钟	PB-2mph，如：6		0%	1 分钟中等恢复
	30 秒			1%	
	30 秒			3%	
（2分钟）	1 分钟	同样的速度		0%	1 分钟中等恢复
	30 秒			2%	
	30 秒			4%	
（2分钟）	1 分钟	同样的速度		0%	1 分钟中等恢复
	30 秒			3%	
	30 秒			5%	
（2分钟）	1 分钟	同样的速度		0%	1 分钟中等恢复
	30 秒			4%	
	30 秒			6%	
（2分钟）	1 分钟	同样的速度		0%	1 分钟中等恢复
	30 秒			5%	
	30 秒			7%	
（2分钟）	1 分钟	同样的速度		0%	2 分钟完全恢复
	30 秒			6%	
	30 秒			8%	

第3周——第9跑

环节2

具体步骤：起跑速度与上一环节一样。如上一环节改变坡度一样，本环节你需要在间歇跑开始1分钟后加速，然后30秒后再加速一次。每次30秒间歇跑都会加速，最终速度会达到你的PB。每次间歇跑长达两分钟，两次间歇跑之间有1分钟的恢复时间。

	间歇	速度	你的速度	坡度	恢复（0%）
（2分钟）	1分钟	上一节的速度，如：6		0%	1分钟慢速恢复
	30秒	+0.5，如：6.5			
	30秒	+0.5，如：7			
（2分钟）	1分钟	起跑速度，如：6		0%	1分钟慢速恢复
	30秒	+0.5，如：6.5			
	30秒	+0.7，如：7.2			
（2分钟）	1分钟	起跑速度，如：6		0%	1分钟慢速恢复
	30秒	+0.5，如：6.5			
	30秒	+0.9，如：7.4			
（2分钟）	1分钟	起跑速度，如：6		0%	1分钟慢速恢复
	30秒	+0.5，如：6.5			
	30秒	+1.1，如：7.6			
（2分钟）	1分钟	起跑速度，如：6		0%	1分钟慢速恢复
	30秒	+0.5，如：6.5			
	30秒	+1.3，如：7.8			
（2分钟）	1分钟	起跑速度，如：6		0%	放松
	30秒	+0.5，如：6.5			
	30秒	+1.5，如：8			

第3周——第9跑

日期：

起跑速度：

PB目标：

平均恢复速度：

距离：

笔记：

第十二章

六周实现跑步革命

这个长达六周的计划不仅振奋人心、让人沉迷其中，而且非常高效，绝对能使你的健康提升到一个新的高度。本计划将一步一步安全而快速地帮助你减去多余脂肪，把你打造成一个更优秀的跑者。这是世界上最棒的跑步机训练计划，让众多有目标的跑者不再因为无聊而放弃跑步。完成计划后，你会对跑步机和自己的身体刮目相看。

注意不时回顾第一部分提及的所有建议。一周将会安排三次跑步训练，所以为了更好地训练，请安排好自己的日程。两个训练日之间至少相隔一天。一周安排三个训练日，每一次都要坚持训练。

科学地安排好每一天非常重要。休息日中我经常进行力量训练，同时配合骑自行车、游泳等低负荷有氧运动。瑜伽也是很好的跑步补充运动，能缓解跑步中产生的肌肉紧张感。

正如我在本书开头所说的，你要真正开始锻炼了。现在，让跑步成为生活的一部分吧。万事开头难，但这将会成为你人生中最值得、最充满力量的经历。现在，踏出第一步！

第1周

第1周先进行基础训练。首先进行最常见的间歇跑训练，然后学习如何完美地调整坡度，最后挑战漫长的两分钟间歇跑。

第1跑——加倍再加倍

本次训练包含三种跑步机训练中最常见的间歇跑：30秒间歇跑、60秒间歇跑和90秒间歇跑。首先进行30秒间歇跑，然后加倍进行60秒间歇跑，最后再加倍进行90秒间歇跑。

第1周——第1跑

环节1

具体步骤：起跑速度为一分钟 PB 减 2mph。本环节坡度将会变化。首先保持速度不变进行 30 秒、60 秒和 90 秒间歇跑，坡度保持为 4%。随着间歇时长越来越长，挑战将越来越大。虽然不用改变速度，但你需要在表格上记录好你的速度。90 秒间歇跑后你会获得 90 秒的恢复时间。不用谢哦！

间歇	速度	你的速度	坡度	恢复（0%）
30 秒	PB-2mph, 如: 6		4%	1 分钟快走或慢跑
60 秒	同样的速度		4%	1 分钟快走或慢跑
90 秒	同样的速度		4%	90 秒快走或慢跑
30 秒	同样的速度		6%	1 分钟快走或慢跑
60 秒	同样的速度		6%	1 分钟快走或慢跑
90 秒	同样的速度		6%	1 分钟快走或慢跑

第1周——第1跑

环节 2

具体步骤：起跑速度比上一环节快 1mph。这次同样进行 30 秒、60 秒和 90 秒间歇跑，但坡度保持为 0%。时长增加时需要保持更快的速度，挑战也随之增大。起跑速度要比上一环节快 1mph。记得把你的速度填到表格里作为参考。

间歇	速度	你的速度	坡度	恢复（0%）
30 秒	上一环节的速度 +1mph，如：7		0%	1 分钟快走或慢跑
60 秒	同样的速度		0%	1 分钟快走或慢跑
90 秒	同样的速度		0%	90 秒快走或慢跑
30 秒	+0.5mph，如：7.5		0%	1 分钟快走或慢跑
60 秒	同样的速度		0%	1 分钟快走或慢跑
90 秒	同样的速度		0%	1 分钟快走或慢跑

第1周——第1跑

环节 3

具体步骤：起跑速度比上一环节的最终速度快了 0.5mph，这应该是你的 PB。最后做一轮 30 秒、60 秒、90 秒间歇跑训练，但速度比上一环节更快，同时要进行坡度跑。随着速度和坡度增加，挑战也变得更有难度。

间歇	速度	你的速度	坡度	恢复（0%）
30 秒	上一环节的最终速度 +0.5mph，如：8		3%	1 分钟快走或慢跑
60 秒	同样的速度		3%	1 分钟快走或慢跑
90 秒	同样的速度		3%	放松

第1周——第1跑

日期：

起跑速度：

PB目标：

平均恢复速度：

距离：

笔记：

第 1 周

第 2 跑——坡度金字塔

你现在应该对 30 秒、60 秒和 90 秒间歇跑更熟悉了。先把这种训练放一边，开始进行坡度更有挑战性的训练。本次训练很简单，每一个环节的间歇跑时长不同，坡度金字塔也会越来越大。

第1周——第2跑

环节1

　　具体步骤：起跑速度为一分钟 PB 减 1mph。进行 5 组 90 秒间歇跑训练。首先坡度逐次下降，速度增加。当坡度达到最低点（1%）后，保持速度不变，坡度增加。

间歇	速度	你的速度	坡度	恢复（0%）
90 秒	PB-1mph，如: 7		3%	1 分钟快走或慢跑
90 秒	+0.2mph，如: 7.2		2%	1 分钟快走或慢跑
90 秒	+0.2mph，如: 7.4		1%	1 分钟快走或慢跑
90 秒	同样的速度		2%	1 分钟快走或慢跑
90 秒	同样的速度		3%	2 分钟恢复

第1周——第2跑

环节2

具体步骤：起跑速度比上一环节的最终速度增加0.2mph。方式与上一环节类似，但需要进行7轮60秒间歇跑训练，而且坡度金字塔变得更陡了。继续记录好你的速度作为参考。

间歇	速度	你的速度	坡度	恢复（0%）
60秒	上一环节的最终速度 +0.2mph，如：7.6		4%	1分钟快走或慢跑
60秒	+0.2mph，如：7.8		3%	1分钟快走或慢跑
60秒	+0.2mph，如：8		2%	1分钟快走或慢跑
60秒	+0.2mph，如：8.2		1%	1分钟快走或慢跑
60秒	同样的速度		2%	1分钟快走或慢跑
60秒	同样的速度		3%	1分钟快走或慢跑
60秒	同样的速度		4%	2分钟恢复

第1周——第2跑

环节 3

具体步骤：起跑速度比上一环节的最终速度增加 0.2mph。形式依旧，但需要完成 7 轮 30 秒间歇跑训练而且坡度金字塔进一步变陡。在此过程中速度会超越你的 PB。

间歇	速度	你的速度	坡度	恢复（0%）
30 秒	上一环节的最终速度 +0.2mph，如：8.4		5%	1 分钟快走或慢跑
30 秒	+0.2mph，如：8.6		4%	1 分钟快走或慢跑
30 秒	+0.2mph，如：8.8		3%	1 分钟快走或慢跑
30 秒	+0.2mph，如：9		2%	1 分钟快走或慢跑
30 秒	同样的速度		3%	1 分钟快走或慢跑
30 秒	同样的速度		4%	1 分钟快走或慢跑
30 秒	同样的速度		5%	放松

第1周——第2跑

日期：

起跑速度：

PB目标：

平均恢复速度：

距离：

笔记：

第 1 周

第 3 跑——崩溃

该让你尝尝均衡间歇训练法最恐怖的部分了——两分钟间
歇跑！但为了不让它显得太漫长，我们会做一些调整，让
你保持投入和警觉。两分钟间歇跑能迅速增强你的耐力。

第1周——第3跑

环节1

具体步骤：起跑速度为一分钟 PB 减 1mph。间歇跑期间会发生各种情况，所以要严格按照要求。开始 1 分钟后速度降低 1mph，30 秒后坡度降低至 0%。初始坡度有点难，恢复前的坡度会变得简单。

	间歇	速度	你的速度	坡度	恢复（0%）
（2分钟）	60 秒	PB-1mph，如：7		1%	1 分钟快走或慢跑
	30 秒	-1mph，如：6		1%	
	30 秒	同样的速度		0%	
（2分钟）	60 秒	PB-1mph，如：7		2%	1 分钟快走或慢跑
	30 秒	-1mph，如：6		2%	
	30 秒	同样的速度		0%	
（2分钟）	60 秒	PB-1mph，如：7		3%	1 分钟快走或慢跑
	30 秒	-1mph，如：6		3%	
	30 秒	同样的速度		0%	
（2分钟）	60 秒	PB-1mph，如：7		4%	1 分钟快走或慢跑
	30 秒	-1mph，如：6		4%	
	30 秒	同样的速度		0%	
（2分钟）	60 秒	PB-1mph，如：7		5%	2 分钟恢复
	30 秒	-1mph，如：6		5%	
	30 秒	同样的速度		0%	

第1周——第3跑

环节2

　　具体步骤：起跑速度比上一环节快 0.2mph。训练虽然复杂，但是非常有效。现在我们要挑战的是 5 组两分钟间歇跑训练。进行 60 秒间歇跑时速度增加 0.2mph，进行下一轮前降低 1mph，再进行下一轮前降低第一轮所增加的速度。下面的例子能帮助你更好地理解。每一次你都会以同样的速度结束。

间歇		速度	你的速度	坡度	恢复（0%）
（2分钟）	60 秒	环节 1 起跑速度 +0.2mph，如：7.2		0%	1 分钟快走或慢跑
	30 秒	-1mph，如：6.2			
	30 秒	-0.2mph，如：6			
（2分钟）	60 秒	环节 1 起跑速度 +0.4mph，如：7.4		0%	1 分钟快走或慢跑
	30 秒	-1mph，如：6.4			
	30 秒	-0.4mph，如：6			
（2分钟）	60 秒	环节 1 起跑速度 +0.6mph，如：7.6		0%	1 分钟快走或慢跑
	30 秒	-1mph，如：6.6			
	30 秒	-0.6mph，如：6			
（2分钟）	60 秒	环节 1 起跑速度 +0.8mph，如：7.8		0%	1 分钟快走或慢跑
	30 秒	-1mph，如：6.8			
	30 秒	-0.8mph，如：6			
（2分钟）	60 秒	环节 1 起跑速度 +1mph，如：8		0%	放松
	30 秒	-1mph，如：7			
	30 秒	-1mph，如：6			

第1周——第3跑

日期：

起跑速度：

PB目标：

平均恢复速度：

距离：

笔记：

第 2 周

恭喜你！你已成功完成第 1 周的训练！本周你将会继续有所收获，尤其是关于主动恢复的基础训练。同时，本周的跑步训练需要注意更多的计时技巧。

第 4 跑——恢复之路

首先，我们将会学习一门独特而重要的课程——主动恢复的作用。本周我们有 3 个包括 6 组 60 秒间歇跑的环节。每一个环节我们都会学到挑战恢复训练的新方法。本次训练的独特之处在于不增加间歇跑的运动量，但是增加恢复训练的运动量。

第2周——第4跑

环节1

具体步骤：起跑速度为一分钟 PB 减 1mph，全程保持速度不变。恢复训练中坡度的增加幅度比较大。注意，只在恢复期间增加坡度，所以你需要在完成间歇跑后立刻增加表中所示的坡度。同时，保持每一次的恢复速度不变。

间歇	速度	你的速度	坡度	恢复
60 秒	中速或快速，如：7		间歇跑 0%；恢复跑 6%	90 秒快走或慢跑 +6%
60 秒	同样的速度		间歇跑 0%；恢复跑 7%	同上 +7%
60 秒	同样的速度		间歇跑 0%；恢复跑 8%	同上 +8%
60 秒	同样的速度		间歇跑 0%；恢复跑 9%	同上 +9%
60 秒	同样的速度		间歇跑 0%；恢复跑 10%	同上 +10%
60 秒	同样的速度		间歇跑 0%；恢复跑 10%	2~3 分钟完全恢复

第2周——第4跑

环节2

　　具体步骤：在无坡度的情况下通过缩短恢复时间挑战恢复训练。保持恢复速度与上一环节相同。最后几组反应要迅速，因为40秒或者30秒的时长不足以减速再加速。这也是难点之一。

间歇	速度	你的速度	坡度	恢复（0%）
60 秒	中速或快速，如：7		0%	70 秒快走或慢跑
60 秒	同样的速度		0%	60 秒快走或慢跑
60 秒	同样的速度		0%	50 秒快走或慢跑
60 秒	同样的速度		0%	40 秒快走或慢跑
60 秒	同样的速度		0%	30 秒快走或慢跑
60 秒	同样的速度		0%	2~3 分钟完全恢复

第2周——第4跑

环节3

具体步骤：最后，我们将要学习第三种挑战恢复训练的方法了：加速。本环节中，恢复速度需要比间歇跑速度低 3mph，然后逐次增加 0.5mph。填写好"你的恢复速度"一栏，这样你就能了解自己的情况。注意，如果你的间歇跑速度是 6mph 或以下，我建议设定恢复速度低于间歇跑速度 2mph，而不是 3mph，逐次增加 0.2mph，而不是 0.5mph。这样能保证能力不同的人可以取得同样的训练效果。

间歇	速度	你的速度	坡度	恢复（0%）	你的恢复速度
60 秒	中速或快速，如：7		0%	1 分钟（间歇跑速度 -3mph），如：4	
60 秒	同样的速度		0%	1 分钟+0.5mph，如：4.5	
60 秒	同样的速度		0%	1 分钟+0.5mph，如：5	
60 秒	同样的速度		0%	1 分钟+0.5mph，如：5.5	
60 秒	同样的速度		0%	1 分钟+0.5mph，如：6	
60 秒	同样的速度		0%	放松	

第2周——第4跑

日期：_____

起跑速度：_____

PB目标：_____

平均恢复速度：_____

距离：_____

笔记：_____

_____

_____

_____

_____

第2周

第5跑——别眨眼

为了平衡上一周在恢复上所做的具有挑战性的训练,这次你终于可以进行短时快速的间歇跑训练了。本周包括3个环节,每一个环节都是若干组的1分钟间歇跑训练。每一次间歇跑训练都会有一到两个变化。在短时间内进行改变需要你把握好计时。这些迅速的变化让跑步变得好玩又具有吸引力。反应要快,别眨眼,不然你就要错过变化啦。

第2周——第5跑

环节1

具体步骤：起跑速度为一分钟 PB 减 1mph。本环节中我们将通过 1 分钟间歇跑中突然的坡度变化进行热身。间歇跑速度不变，但 30 秒左右时你要开始增加坡度，然后在 20 秒坡度跑后取消坡度。

间歇		速度	你的速度	坡度	恢复（0%）
（60 秒）	40 秒	PB-1mph，如：7		0%	1 分钟快走或慢跑
	20 秒			4%	
（60 秒）	40 秒	同样的速度		0%	1 分钟快走或慢跑
	20 秒			5%	
（60 秒）	40 秒	同样的速度		0%	1 分钟快走或慢跑
	20 秒			6%	
（60 秒）	40 秒	同样的速度		0%	1 分钟快走或慢跑
	20 秒			7%	
（60 秒）	40 秒	同样的速度		0%	2~3 分钟完全恢复
	20 秒			8%	

第2周——第5跑

环节2

具体步骤：起跑速度与上一环节一样。每一组间歇跑以上一环节的起跑速度起跑，但是 40 秒后需要突然增加速度。为了保持挑战强度不变，坡度逐次下降。

间歇		速度	你的速度	坡度	恢复（0%）
（60 秒）	40 秒	上一环节的速度，如：7		4%	1 分钟快走或慢跑
	20 秒	+0.2mph，如：7.2			
（60 秒）	40 秒	上一环节的速度，如：7		3%	1 分钟快走或慢跑
	20 秒	+0.4mph，如：7.4			
（60 秒）	40 秒	上一环节的速度，如：7		2%	1 分钟快走或慢跑
	20 秒	+0.6mph，如：7.6			
（60 秒）	40 秒	上一环节的速度，如：7		1%	1 分钟快走或慢跑
	20 秒	+0.8mph，如：7.8			
（60 秒）	40 秒	上一环节的速度，如：7		0%	2~3 分钟完全恢复
	20 秒	+1mph，如：8			

第2周——第5跑

环节3

具体步骤：起跑速度比上一环节增加0.2mph。最后，我们在整整1分钟内不断把最高速度提高，而不是只在最后20秒。最后20秒不提速，但是增加5%的坡度。注意，因为调整坡度需要时间，所以30秒左右时就要调整坡度，确保坡度准确。

	间歇	速度	你的速度	坡度	恢复（0%）
（60秒）	40秒	环节1的速度+0.2mph，如：7.2		0%	1分钟快走或慢跑
	20秒			5%	
（60秒）	40秒	上面的速度+0.2mph，如：7.4		0%	1分钟快走或慢跑
	20秒			5%	
（60秒）	40秒	上面的速度+0.2mph，如：7.6		0%	1分钟快走或慢跑
	20秒			5%	
（60秒）	40秒	上面的速度+0.2mph，如：7.8		0%	1分钟快走或慢跑
	20秒			5%	
（60秒）	40秒	上面的速度+0.2mph，如：8		0%	放松
	20秒			5%	

第2周——第5跑

日期：_____

起跑速度：_____

PB目标：_____

平均恢复速度：_____

距离：_____

笔记：_____

_____

_____

_____

_____

第 2 周

第 6 跑——恶子归来

这是我最受欢迎的计划！本周训练中，你需要以一定的速度进行间歇跑，然后以同样的速度再进行烦人的坡度跑——恶子又来了。速度相对较慢，每一次间歇跑都有相对应的坡度。

第2周——第6跑

环节 1

具体步骤：起跑速度为一分钟 PB 减 1mph。首先进行两组 60 秒间歇跑。然后接下来的两组训练中第一组增加 0.5mph 的速度，在第二组速度不变的前提下增加坡度。注意，因为后面的间歇跑少于 1 分钟，所以你的最终速度会超越你的 PB。

间歇	速度	你的速度	坡度	恢复（0%）
60 秒	PB-1mph，如：7		0%	1 分钟快走或慢跑
60 秒	同样的速度		8%	1 分钟快走或慢跑
50 秒	+0.5mph，如：7.5		0%	1 分钟快走或慢跑
50 秒	同样的速度		7%	1 分钟快走或慢跑
40 秒	+0.5mph，如：8		0%	1 分钟快走或慢跑
40 秒	同样的速度		6%	1 分钟快走或慢跑
30 秒	+0.5mph，如：8.5		0%	1 分钟快走或慢跑
30 秒	同样的速度		5%	2~3 分钟完全恢复

第2周——第6跑

环节2

具体步骤：起跑速度比上一环节的最终速度增加 0.5mph，接下来保持速度不变。每两组训练时间增加，坡度降低。你需要在最后几组间歇跑中提高你的 PB。相信我，你能做到的！

间歇	速度	你的速度	坡度	恢复（0%）
30 秒	上一环节的最终速度 +0.5mph，如：9		0%	1 分钟快走或慢跑
30 秒	同样的速度		4%	1 分钟快走或慢跑
40 秒	同样的速度		0%	1 分钟快走或慢跑
40 秒	同样的速度		3%	1 分钟快走或慢跑
50 秒	同样的速度		0%	1 分钟快走或慢跑
50 秒	同样的速度		2%	1 分钟快走或慢跑
60 秒	同样的速度		0%	1 分钟快走或慢跑
60 秒	同样的速度		1%	放松

第2周——第6跑

日期：

起跑速度：

PB目标：

平均恢复速度：

距离：

笔记：

第 3 周

现在你已经完成了一半的训练，应该对计时更有信心了。第 3 周包含三种不同的间歇跑方式，金字塔跑法、法特莱克训练法以及重复跑。这些都是跑步训练中的常见训练方式，需要你很好地把握好计时。

第 7 跑——重型基石

本次跑步实际上是金字塔跑法，只是环节 1 和环节 3 以 60 秒重复跑作为"重型基石"。

第3周——第7跑

环节1

　　具体步骤：起跑速度为一分钟PB减2mph。很简单，速度逐次增加0.5mph。本环节结束时速度不会超过你的PB。

间歇	速度	你的速度	坡度	恢复（0%）
60 秒	PB–2mph，如：6		0%	1 分钟快走或慢跑
60 秒	+0.5mph，如：6.5		0%	1 分钟快走或慢跑
60 秒	+0.5mph，如：7		0%	1 分钟快走或慢跑
60 秒	+0.5mph，如：7.5		0%	2~3 分钟完全恢复

第3周——第7跑

环节2

具体步骤：起跑速度为上一环节的最终速度。全程保持速度不变。90秒间歇跑是金字塔的顶峰，然后时长逐次回落，但坡度开始增加。

间歇	速度	你的速度	坡度	恢复（0%）
70 秒	上一环节的最终速度，如：7.5		0%	1 分钟快走或慢跑
80 秒	同样的速度		0%	1 分钟快走或慢跑
90 秒	同样的速度		0%	1 分钟快走或慢跑
80 秒	同样的速度		1%	1 分钟快走或慢跑
70 秒	同样的速度		2%	2~3 分钟完全恢复

第3周——第7跑

环节3

　　具体步骤：起跑速度与上一环节一样。现在又回到了重型基石——60
秒间歇跑了，但这次坡度需要增加。注意，环节结束时坡度会超过5%，但
不用担心，我已经把速度设置为比 PB 低 0.5mph 了，这样能保证安全，让你
顺利完成训练。

间歇	速度	你的速度	坡度	恢复（0%）
60 秒	上一环节的最终速度，如：7.5		3%	1 分钟快走或慢跑
60 秒	同样的速度		4%	1 分钟快走或慢跑
60 秒	同样的速度		5%	1 分钟快走或慢跑
60 秒	同样的速度		6%	放松

第3周——第7跑

日期：_____

起跑速度：_____

PB目标：_____

平均恢复速度：_____

距离：_____

笔记：_____

_____

_____

_____

_____

第 3 周

第 8 跑——快速变速跑

本次变速跑训练包括三个环节，你只需要在快速跑时做出调整。记住，变速跑中慢速跑用于恢复。

第3周——第8跑

环节1

具体步骤：起跑速度为一分钟 PB 减 3mph。起跑速度相对较慢，中速比起跑速度快 1mph，快速比中速快 1mph。这一轮慢速－中速－快速循环跑中只在快速跑时会提高坡度。记住，慢速跑就是恢复时间。

间歇	速度	你的速度	坡度	恢复（0%）
1 分钟慢速	PB-3mph，如：5		0%	无
1 分钟中速	+1mph，如：6		0%	无
1 分钟快速	+1mph，如：7		3%	无
1 分钟慢速	相同的慢速，如：5		0%	无
1 分钟中速	相同的中速，如：6		0%	无
1 分钟快速	相同的快速，如：7		4%	无
1 分钟慢速	相同的慢速，如：5		0%	无
1 分钟中速	相同的中速，如：6		0%	无
1 分钟快速	相同的快速，如：7		5%	无
1 分钟慢速	相同的慢速，如：5		0%	无
1 分钟中速	相同的中速，如：6		0%	无
1 分钟快速	相同的快速，如：7		6%	2~3分钟完全恢复

第3周——第8跑

环节 2

　　具体步骤：起跑速度与上一环节一样。中速跑速度与上一环节一样，但是环节结束时，快速跑速度会比上一环节高 1mph，挑战你的一分钟 PB。做好笔记，因为快速跑中速度增加的数值需要非常精确。记住，慢速跑就是恢复时间。

间歇	速度	你的速度	坡度	恢复（0%）
1 分钟慢速	上一环节的慢速，如：5		0%	无
1 分钟中速	上一环节的中速，如：6		0%	无
1 分钟快速	快速（中速 +1.4mph），如：7.4		0%	无
1 分钟慢速	上一环节的慢速，如：5		0%	无
1 分钟中速	上一环节的中速，如：6		0%	无
1 分钟快速	快速（中速 +1.7mph），如：7.7		0%	无
1 分钟慢速	上一环节的慢速，如：5		0%	无
1 分钟中速	上一环节的中速，如：6		0%	无
1 分钟快速	快速（中速 +1.9mph），如：7.9		0%	无
1 分钟慢速	上一环节的慢速，如：5		0%	无
1 分钟中速	上一环节的中速，如：6		0%	无
1 分钟快速	快速（中速 +2mph），如：8		0%	2~3 分钟完全恢复

第3周——第8跑

环节3

具体步骤：慢速跑速度和中速跑速度与上两个环节相同，但快速跑速度采用环节2的最终快速跑速度。本环节中，快速跑时长将会分别延长到70秒、80秒和90秒，在更长的时间内挑战一分钟PB。记住，慢速跑就是恢复时间。

间歇	速度	你的速度	坡度	恢复（0%）
1分钟慢速	上一环节的慢速，如：5		0%	无
1分钟中速	上一环节的中速，如：6		0%	无
70秒快速	上一环节的最终快速，如：8		0%	无
1分钟慢速	相同的慢速，如：5		0%	无
1分钟中速	相同的中速，如：6		0%	无
80秒快速	相同的快速，如：8		0%	无
1分钟慢速	相同的慢速，如：5		0%	无
1分钟中速	相同的中速，如：6		0%	无
90秒快速	相同的快速，如：8		0%	放松

第3周——第8跑

日期：_____

起跑速度：_____

PB目标：_____

平均恢复速度：_____

距离：_____

笔记：_____

_____

_____

_____

_____

第 3 周

第 9 跑——增负并延续

本周训练包含两个环节，将速度训练与耐力训练结合起来。每个环节中，间歇跑速度逐渐增加，然后保持速度进行坡度跑。增加间歇跑的负荷，并且延续到下一轮间歇跑。

第3周——第9跑

环节 1

具体步骤：起跑速度为一分钟 PB 减 2mph。本环节包含 6 组 90 秒间歇跑训练。起跑后每 30 秒进行一次提速。然后在下一组跑步中保持提高后的速度进行坡度跑！本环节中你还没达到最高速度，但别担心，下一环节你就要达到了。

	间歇	速度	你的速度	坡度	恢复（0%）
（90 秒）	30 秒	PB-2mph，如：6		0%	
	30 秒	+0.3mph，如：6.3		0%	90 秒快走或慢跑
	30 秒	+0.3mph，如：6.6		0%	
（90 秒）	30 秒			1%	
	30 秒	最终速度，如：6.6		2%	90 秒快走或慢跑
	30 秒			3%	
（90 秒）	30 秒	最终速度，如：6.6		0%	
	30 秒	+0.3mph，如：6.9		0%	90 秒快走或慢跑
	30 秒	+0.3mph，如：7.2		0%	
（90 秒）	30 秒			1%	
	30 秒	最终速度，如：7.2		2%	90 秒快走或慢跑
	30 秒			3%	
（90 秒）	30 秒	最终速度，如：7.2		0%	
	30 秒	+0.3mph，如：7.5		0%	90 秒快走或慢跑
	30 秒	+0.3mph，如：7.8		0%	
（90 秒）	30 秒			1%	
	30 秒	最终速度，如：7.8		2%	2~3 分钟完全恢复
	30 秒			3%	

第3周——第9跑

环节 2

　　具体步骤：起跑速度比上一环节增加 0.5mph。本环节间歇跑时长比上一环节稍短。每轮只有一次增速，所以速度的跃升幅度会更大。你会在最后一组间歇跑坡度达到顶峰时到达 PB。

	间歇	速度	你的速度	坡度	恢复（0%）
（60 秒）	30 秒	PB-1.5mph，如：6.5		0%	1 分钟快走或慢跑
	30 秒	+0.5mph，如：7		0%	
（60 秒）	30 秒	最终速度，如：7		2%	1 分钟快走或慢跑
	30 秒			3%	
（60 秒）	30 秒	最终速度，如：7		0%	1 分钟快走或慢跑
	30 秒	+0.5mph，如：7.5		0%	
（60 秒）	30 秒	最终速度，如：7.5		2%	1 分钟快走或慢跑
	30 秒			3%	
（60 秒）	30 秒	最终速度，如：7.5		0%	1 分钟快走或慢跑
	30 秒	+0.5mph，如：8		0%	
（60 秒）	30 秒	最终速度，如：8		2%	放松
	30 秒			3%	

第3周——第9跑

日期：_____

起跑速度：_____

PB目标：_____

平均恢复速度：_____

距离：_____

笔记：_____

_____

_____

_____

_____

_____

_____

第4周

随着第4周训练的到来，训练也开始要变得更复杂、更具挑战性了。相信自己，你已经做好了准备向目标迈进一步。当你感到疲惫时，提醒自己，你已经踏出了重要的一步。正因为并非人人都能踏出这一步，所以你注定不平凡。艰苦的训练总是会带来回报的，带着这种信念开始本周的训练吧！

第10跑——扩大

在本轮跑步中，我将会向你展示如何扩大跑步中的重要因素。首先，你需要延长坡度跑的时长，接着是增加速度，最后同时把两个重要因素扩大，进行越来越长时间的训练。

第4周——第10跑

环节1

具体步骤：起跑速度为一分钟 PB 减 2mph。保持速度不变，起跑 30 秒后增高坡度。坡度跑的时长会逐渐延长到 60 秒。

间歇		速度	你的速度	坡度	恢复（0%）
（40秒）	30 秒	PB-2mph，如：6		0%	1 分钟快走或慢跑
	10 秒			6%	
（50秒）	30 秒	同样的速度		0%	1 分钟快走或慢跑
	20 秒			6%	
（60秒）	30 秒	同样的速度		0%	1 分钟快走或慢跑
	30 秒			6%	
（70秒）	30 秒	同样的速度		0%	1 分钟快走或慢跑
	40 秒			6%	
（80秒）	30 秒	同样的速度		0%	1 分钟快走或慢跑
	50 秒			6%	
（90秒）	30 秒	同样的速度		0%	2~3 分钟完全恢复
	60 秒			6%	

第4周——第10跑

环节2

具体步骤：起跑速度与上一环节一样。形式与上一环节差不多，但本环节是无坡度训练，30秒后速度猛增至PB，时长不断延长，最后进行60秒冲刺跑。

间歇		速度	你的速度	坡度	恢复（0%）
（40秒）	30秒	上一环节的最终速度，如：6		0%	1分钟快走或慢跑
	10秒	+2mph，如：8			
（50秒）	30秒	起跑速度，如：6		0%	1分钟快走或慢跑
	20秒	+2mph，如：8			
（60秒）	30秒	起跑速度，如：6		0%	1分钟快走或慢跑
	30秒	+2mph，如：8			
（70秒）	30秒	起跑速度，如：6		0%	1分钟快走或慢跑
	40秒	+2mph，如：8			
（80秒）	30秒	起跑速度，如：6		0%	1分钟快走或慢跑
	50秒	+2mph，如：8			
（90秒）	30秒	起跑速度，如：6		0%	2~3分钟完全恢复
	60秒	+2mph，如：8			

第4周——第10跑

环节3

具体步骤：起跑速度与上一环节一样。本环节把上两个环节结合起来了。每一组30秒后坡度增加3%，速度提高1.5mph，时间从20秒延长到40秒，再到60秒。记住，跑步过程中你需要改变两个因素，所以提前几秒开始调整坡度，然后调整速度。

	间歇	速度	你的速度	坡度	恢复（0%）
（50秒）	30秒	上一环节的最终速度，如：6		0%	1分钟快走或慢跑
	20秒	+1.5mph，如：7.5		3%	
（70秒）	30秒	起跑速度，如：6		0%	1分钟快走或慢跑
	40秒	+1.5mph，如：7.5		3%	
（90秒）	30秒	起跑速度，如：6.0		0%	放松
	60秒	+1.5mph，如：7.5		3%	

第4周——第10跑

日期：

起跑速度：

PB目标：

平均恢复速度：

距离：

笔记：

第 4 周

第 11 跑——梯级缩小

本周训练包括 3 个环节，在提高速度的情况下，坡度和时长进行梯级缩小。虽然间歇跑时长缩短，坡度降低，但你要保持坡度和时长的梯级缩小和速度增加之间的平衡。

第4周——第11跑

环节1

具体步骤：起跑速度为一分钟 PB 减 2mph。本环节就像一个巨大的"梯子"。间歇跑时长每次缩短 10 秒，坡度如表中所示降低。为了保持平衡，速度逐次增加 0.2mph，所以记住把数值填写到"你的速度"一栏中。

间歇	速度	你的速度	坡度	恢复（0%）
90 秒	PB–2mph，如：6		6%	1 分钟快走或慢跑
80 秒	+0.2mph，如：6.2		5%	1 分钟快走或慢跑
70 秒	+0.2mph，如：6.4		4%	1 分钟快走或慢跑
60 秒	+0.2mph，如：6.6		3%	1 分钟快走或慢跑
50 秒	+0.2mph，如：6.8		2%	1 分钟快走或慢跑
40 秒	+0.2mph，如：7		1%	1 分钟快走或慢跑
30 秒	+0.2mph，如：7.2		0%	2~3 分钟完全恢复

第4周——第11跑

环节 2

　　具体步骤：起跑速度为上一环节的最终速度。本环节与上一环节几乎一样，只是第一组训练的时长缩短了，坡度降低了。

间歇	速度	你的速度	坡度	恢复（0%）
80 秒	上一环节的最终速度，如：7.2		5%	1 分钟快走或慢跑
70 秒	+0.2mph，如：7.4		4%	1 分钟快走或慢跑
60 秒	+0.2mph，如：7.6		3%	1 分钟快走或慢跑
50 秒	+0.2mph，如：7.8		2%	1 分钟快走或慢跑
40 秒	+0.2mph，如：8		1%	1 分钟快走或慢跑
30 秒	+0.2mph，如：8.2		0%	2~3 分钟完全恢复

第4周——第11跑

环节 3

　　具体步骤：起跑速度为上一环节的最终速度。此环节将进行最后一次梯级缩小。与上两个环节一样，本环节呈现"梯子"模式。注意，你的速度将超过一分钟PB。

间歇	速度	你的速度	坡度	恢复（0%）
70 秒	上一环节的最终速度，如：8.2		4%	1 分钟快走或慢跑
60 秒	+0.2mph，如：8.4		3%	1 分钟快走或慢跑
50 秒	+0.2mph，如：8.6		2%	1 分钟快走或慢跑
40 秒	+0.2mph，如：8.8		1%	1 分钟快走或慢跑
30 秒	+0.2mph，如：9		0%	放松

第4周——第11跑

日期：_____

起跑速度：_____

PB目标：_____

平均恢复速度：_____

距离：_____

笔记：_____

_____

_____

_____

_____

第 4 周

第 12 跑——夹心饼干

本周的训练就如一块奥利奥饼干。两轮 90 秒间歇跑中夹着两轮 30 秒间歇跑。我们会先改变坡度，然后改变速度，最后把两者结合起来。

第4周——第12跑

环节1

具体步骤：起跑速度为一分钟 PB 减 2mph。全程保持速度不变。进行 90 秒间歇跑时坡度为 1%，其余两对 30 秒间歇跑坡度分别为 6% 和 8%。

间歇	速度	你的速度	坡度	恢复（0%）
90 秒	PB-2mph，如：6		1%	1 分钟快走或慢跑
30 秒	同样的速度		6%	1 分钟快走或慢跑
30 秒	同样的速度		6%	1 分钟快走或慢跑
90 秒	同样的速度		1%	1 分钟快走或慢跑
30 秒	同样的速度		8%	1 分钟快走或慢跑
30 秒	同样的速度		8%	1 分钟快走或慢跑
90 秒	同样的速度		1%	2~3 分钟完全恢复

第4周——第12跑

环节 2

具体步骤：起跑速度比上一环节增加 1mph（即比 PB 低 1mph）。这是全新的 90 秒间歇跑速度。第一对 30 秒间歇跑速度增加 1mph，第二对增加 2mph。在第二对 30 秒间歇跑时你会挑战 PB（只是 30 秒而已）。

间歇	速度	你的速度	坡度	恢复（0%）
90 秒	上一环节的最终速度 +1mph，如：7		0%	1 分钟快走或慢跑
30 秒	+1mph，如：8		0%	1 分钟快走或慢跑
30 秒	同样的速度		0%	1 分钟快走或慢跑
90 秒	上一个 90 秒的速度，如：7		0%	1 分钟快走或慢跑
30 秒	+2mph，如：9		0%	1 分钟快走或慢跑
30 秒	同样的速度		0%	1 分钟快走或慢跑
90 秒	上一个 90 秒的速度，如：7		0%	2~3 分钟完全恢复

第4周——第12跑

环节3

　　具体步骤：起跑速度为上一环节最后一个 30 秒间歇跑的速度（最高速度）。现在我要把训练变得好玩一点了。这是一块新款的奥利奥，2 组 30 秒间歇跑夹着 2 组 90 秒间歇跑。90 秒间歇跑的坡度较小，速度比 30 秒间歇跑低 1.5mph（稍低于你的 PB）。仔细观察表格，看看如何进行。

间歇	速度	你的速度	坡度	恢复（0%）
30 秒	上一个 30 秒的速度，如：9		4%	1 分钟快走或慢跑
90 秒	-1.5mph，如：7.5		2%	1 分钟快走或慢跑
90 秒	同样的速度		2%	1 分钟快走或慢跑
30 秒	上一个 30 秒的速度，如：9		4%	放松

第4周——第12跑

日期：_____

起跑速度：_____

PB目标：_____

平均恢复速度：_____

距离：_____

笔记：_____

_____

_____

_____

_____

第 5 周

现在你应该开始对跑步训练的规律有所掌握了。本周的训练与之前的训练联系密切，还能对之前的训练进行补充。只剩下两周了。如果你已经超越了你在第 1 周的 PB，就别害怕继续提高！PB 即使只是从 7.5 提高到了 8，这一小小的提高也能让你开启一段新的旅程！

第 13 跑——重型塔尖

在金字塔跑步中"重型塔尖"与"重型基石"是金字塔的两端。当你不断往上爬，你就能到达"重型塔尖"。本周训练包含 3 个环节，你会在环节 2 到达塔尖。

第5周——第13跑

环节1

具体步骤：起跑速度为一分钟 PB 减 2mph。第一组是 90 秒间歇跑，时间逐次缩短，速度逐次增加 0.3mph，全程无坡度。

间歇	速度	你的速度	坡度	恢复（0%）
90 秒	PB-2mph，如：6		0%	1 分钟快走或慢跑
80 秒	+0.3mph，如：6.3		0%	1 分钟快走或慢跑
70 秒	+0.3mph，如：6.6		0%	1 分钟快走或慢跑
60 秒	+0.3mph，如：6.9		0%	1 分钟快走或慢跑
50 秒	+0.3mph，如：7.2		0%	1 分钟快走或慢跑
40 秒	+0.3mph，如：7.5		0%	1 分钟快走或慢跑
30 秒	+0.3mph，如：7.8		0%	2~3 分钟完全恢复

第5周——第13跑

环节2

具体步骤：起跑速度为上一环节的最终速度。全程进行 30 秒间歇跑，速度保持不变，坡度逐次增加直至 6%。

间歇	速度	你的速度	坡度	恢复（0%）
30 秒	上一环节的最终速度，如：7.8		1%	1 分钟快走或慢跑
30 秒	同样的速度		2%	1 分钟快走或慢跑
30 秒	同样的速度		3%	1 分钟快走或慢跑
30 秒	同样的速度		4%	1 分钟快走或慢跑
30 秒	同样的速度		5%	1 分钟快走或慢跑
30 秒	同样的速度		6%	2~3 分钟完全恢复

第5周——第13跑

环节3

具体步骤：起跑速度与上一环节一样。时间逐次延长，速度保持不变。注意，当进行70秒、80秒和90秒间歇跑的时候，你会感谢我没有把速度设为超过你的PB！

间歇	速度	你的速度	坡度	恢复（0%）
30秒	上一环节的最终速度，如：7.8		0%	1分钟快走或慢跑
40秒	同样的速度		0%	1分钟快走或慢跑
50秒	同样的速度		0%	1分钟快走或慢跑
60秒	同样的速度		0%	1分钟快走或慢跑
70秒	同样的速度		0%	1分钟快走或慢跑
80秒	同样的速度		0%	1分钟快走或慢跑
90秒	同样的速度		0%	放松

第5周——第13跑

日期：

起跑速度：

PB目标：

平均恢复速度：

距离：

笔记：

第 5 周

第 14 跑——变化

本周的每次间歇跑的最后 30 秒都会经历一次变化。本周
只有 2 个环节，一个 90 秒间歇跑，一个 60 秒间歇跑。速
度突变的那一刻你一定会找到训练的感觉。

第5周——第14跑

环节 1

具体步骤：起跑速度为一分钟 PB 减 1.5mph。每一组前 60 秒进行坡度跑，然后在后 30 秒取消坡度，速度增加 1mph。

	间歇	速度	你的速度	坡度	恢复（0%）
（90秒）	60 秒	PB-1.5mph，如：6.5		2%	1 分钟快走或慢跑
	30 秒	+1mph，如：7.5		0%	
（90秒）	60 秒	起跑速度，如：6.5		3%	1 分钟快走或慢跑
	30 秒	+1mph，如：7.5		0%	
（90秒）	60 秒	起跑速度，如：6.5		4%	1 分钟快走或慢跑
	30 秒	+1mph，如：7.5		0%	
（90秒）	60 秒	起跑速度，如：6.5		5%	1 分钟快走或慢跑
	30 秒	+1mph，如：7.5		0%	
（90秒）	60 秒	起跑速度，如：6.5		6%	2~3 分钟完全恢复
	30 秒	+1mph，如：7.5		0%	

第5周——第14跑

环节 2

具体步骤：起跑速度与上一环节一样。每一次在前一组的起跑速度上增加 0.3mph 直至达到 PB。但是，起跑半分钟后我需要你在剩下的 30 秒以你的新 PB 跑步。每一组前 30 秒间歇跑的速度将会成为下一组前 30 秒间歇跑的基础速度。

	间歇	速度	你的速度	坡度	恢复（0%）
（60秒）	30 秒	上一环节的起跑速度，如：6.5		0%	1 分钟快走或慢跑
	30 秒	+2~2.5mph，如：8.5~9		0%	
（60秒）	30 秒	上面的速度 +0.3mph，如：6.8		0%	1 分钟快走或慢跑
	30 秒	最高速度，如：8.5~9		0%	
（60秒）	30 秒	上面的速度 +0.3mph，如：7.1		0%	1 分钟快走或慢跑
	30 秒	最高速度，如：8.5~9		0%	
（60秒）	30 秒	上面的速度 +0.3mph，如：7.4		0%	1 分钟快走或慢跑
	30 秒	最高速度，如：8.5~9		0%	
（60秒）	30 秒	上面的速度 +0.3mph，如：7.7		0%	1 分钟快走或慢跑
	30 秒	最高速度，如：8.5~9		0%	
（60秒）	30 秒	上面的速度 +0.3mph，如：8		0%	放松
	30 秒	最高速度，如：8.5~9		0%	

第5周——第14跑

日期：_____

起跑速度：_____

PB目标：_____

平均恢复速度：_____

距离：_____

笔记：_____

_____

_____

_____

_____

第 5 周

第 15 跑——重返

你应该准备好迎接这次漫长而具有挑战性的训练了。你要进行的是一次漫长的间歇跑，然后提高速度进行一组1 分钟间歇跑，最后训练重返漫长的坡度间歇跑。接下来的每一个环节都会进行这样的训练，只是间歇跑时长逐渐变短。

第5周——第15跑

环节1

具体步骤：起跑速度为一分钟 PB 减 2mph。本环节较短，首先在 3% 的坡度上进行最长的间歇跑，然后取消坡度，提高速度，进行两组 1 分钟间歇跑，最后回到 3% 的坡度进行最长的间歇跑。当然，最后一组跑步需要以提升后的速度进行！

间歇	速度	你的速度	坡度	恢复（0%）
2分钟	PB-2mph，如：6		3%	1分钟快走或慢跑
60秒	+0.2mph，如：6.2		0%	1分钟快走或慢跑
60秒	+0.2mph，如：6.4		0%	1分钟快走或慢跑
2分钟	同样的速度		3%	2~3分钟完全恢复

第5周——第15跑

环节 2

　　*具体步骤：*起跑速度为上一环节的最终速度。本环节的比上一环节要长，但形式一样。首先在 4% 的坡度上进行最长的间歇跑，然后取消坡度，提高速度进行两组 1 分钟间歇跑，最后转变回到 4% 的坡度，以提高后的速度进行 90 秒间歇跑。以上步骤要完成两次哦！

间歇	速度	你的速度	坡度	恢复（0%）
90 秒	上一环节的最终速度，如：6.4		4%	1 分钟快走或慢跑
60 秒	+0.2mph，如：6.6		0%	1 分钟快走或慢跑
60 秒	+0.2mph，如：6.8		0%	1 分钟快走或慢跑
90 秒	同样的速度		4%	1 分钟快走或慢跑
60 秒	+0.2mph，如：7		0%	1 分钟快走或慢跑
60 秒	+0.2mph，如：7.2		0%	1 分钟快走或慢跑
90 秒	同样的速度		4%	2~3 分钟完全恢复

第5周——第15跑

环节 3

具体步骤：起跑速度为上一环节的最终速度。形式与前面一样，但是间歇跑时长不变。首先在 5% 坡度上进行 60 秒间歇跑，然后提高速度，取消坡度进行两组间歇跑，然后把坡度再次提高到 5%，以提高后的速度进行间歇跑。以上步骤完成两次，最后加一组 5% 坡度跑挑战 PB。

间歇	速度	你的速度	坡度	恢复（0%）
60 秒	上一环节的最终速度，如：7.2		5%	1 分钟快走或慢跑
60 秒	+0.2mph，如：7.4		0%	1 分钟快走或慢跑
60 秒	+0.2mph，如：7.6		0%	1 分钟快走或慢跑
60 秒	同样的速度		5%	1 分钟快走或慢跑
60 秒	+0.2mph，如：7.8		0%	1 分钟快走或慢跑
60 秒	+0.2mph，如：8		0%	1 分钟快走或慢跑
60 秒	同样的速度		5%	放松

第5周——第15跑

日期：_____

起跑速度：_____

PB目标：_____

平均恢复速度：_____

距离：_____

笔记：_____

_____

_____

_____

_____

_____

第 6 周

我们终于来到冲刺阶段了！一路上你如此努力，终于来到了取得健身突破的时刻！本周的训练都是我一直以来最喜欢的跑步训练。

第 16 跑——三层夹心

本次训练建立在"夹心饼干"训练之上，通过 3 个环节进行"三层夹心"60 秒训练。首先改变速度，然后是坡度，最后把两者结合。

第6周——第16跑

环节 1

具体步骤：起跑速度为一分钟 PB 减 3mph。本环节速度逐次提升，但我还没让速度达到你的 PB 呢!

间歇	速度	你的速度	坡度	恢复（0%）
60 秒	PB-3mph，如: 5		0%	1 分钟快走或慢跑
30 秒	+0.4mph，如: 5.4		0%	1 分钟快走或慢跑
30 秒	+0.4mph，如: 5.8		0%	1 分钟快走或慢跑
30 秒	+0.4mph，如: 6.2		0%	1 分钟快走或慢跑
60 秒	同样的速度		0%	1 分钟快走或慢跑
30 秒	+0.4mph，如: 6.6		0%	1 分钟快走或慢跑
30 秒	+0.4mph，如: 7		0%	1 分钟快走或慢跑
30 秒	+0.4mph，如: 7.4		0%	1 分钟快走或慢跑
60 秒	同样的速度		0%	2~3 分钟完全恢复

第6周——第16跑

环节 2

具体步骤：起跑速度为上一环节的最终速度。形式与上一环节相同，但速度不变，坡度提高。

间歇	速度	你的速度	坡度	恢复（0%）
60 秒	上一环节的最终速度，如：7.4		0%	1 分钟快走或慢跑
30 秒	同样的速度		1%	1 分钟快走或慢跑
30 秒	同样的速度		2%	1 分钟快走或慢跑
30 秒	同样的速度		3%	1 分钟快走或慢跑
60 秒	同样的速度		3%	1 分钟快走或慢跑
30 秒	同样的速度		4%	1 分钟快走或慢跑
30 秒	同样的速度		5%	1 分钟快走或慢跑
30 秒	同样的速度		6%	1 分钟快走或慢跑
60 秒	同样的速度		6%	2~3 分钟完全恢复

第6周——第16跑

环节3

具体步骤：起跑速度与上一环节一样。现在你需要逐步提高速度，直至达到 PB。记得增加坡度哦！

间歇	速度	你的速度	坡度	恢复（0%）
60 秒	上一环节的最终速度，如：7.4		0%	1 分钟快走或慢跑
30 秒	+0.2mph，如：7.6		1%	1 分钟快走或慢跑
30 秒	+0.2mph，如：7.8		2%	1 分钟快走或慢跑
30 秒	+0.2mph，如：8		3%	1 分钟快走或慢跑
60 秒	同样的速度		3%	放松

第6周——第16跑

日期：

起跑速度：

PB目标：

平均恢复速度：

距离：

笔记：

第 6 周

第 17 跑——摩天大楼

我们要把间歇跑建成摩天大楼啦！本次训练包括 3 个环节，首先进行 1 轮 60 秒间歇跑，然后增加坡度，把间歇跑提升到 90 秒，最后增加速度，进一步把间歇跑提升到两分钟。本次训练难度较大，所以恢复时长与间歇跑时长相同。即使你觉得你不需要恢复太久，也要严格遵守。这样你能恢复得更充分，百利而无一害。

第6周——第17跑

环节1

具体步骤：起跑速度为一分钟 PB 减 2.5mph。本环节较短，只有 4 组 60 秒间歇跑训练。速度逐次增加 0.5mph。

间歇	速度	你的速度	坡度	恢复（0%）
60 秒	PB-2.5mph，如：5.5		0%	1 分钟快走或慢跑
60 秒	+0.5mph，如：6		0%	1 分钟快走或慢跑
60 秒	+0.5mph，如：6.5		0%	1 分钟快走或慢跑
60 秒	+0.5mph，如：7		0%	2~3 分钟完全恢复

第6周——第17跑

环节2

具体步骤：起跑速度为上一环节的最终速度。在上一环节的训练基础上每一组增加30秒坡度为1~4%的间歇跑，把每一组时间延长至90秒。

	间歇	速度	你的速度	坡度	恢复（0%）
（90秒）	60秒	上一环节的最终速度，如：7		0%	90秒快走或慢跑
	30秒	同样的速度		1%	
（90秒）	60秒	同样的速度		0%	90秒快走或慢跑
	30秒	同样的速度		2%	
（90秒）	60秒	同样的速度		0%	90秒快走或慢跑
	30秒	同样的速度		3%	
（90秒）	60秒	同样的速度		0%	2~3分钟完全恢复
	30秒	同样的速度		4%	

第6周——第17跑

环节 3

　　具体步骤：起跑速度与上一环节一样。在上一环节的基础上每一组增加30秒，并且提高速度，把训练延长至两分钟。注意，最终速度会稍微超过你的PB。本环节变化较多，所以要保持敏捷。

	间歇	速度	你的速度	坡度	恢复（0%）
（2分钟）	60 秒	上一环节的最终速度，如：7		0%	2分钟快走或慢跑
	30 秒	同样的速度		4%	
	30 秒	+0.3mph，如：7.3		4%	
（2分钟）	60 秒	起跑速度，如：7		0%	2分钟快走或慢跑
	30 秒	同样的速度		4%	
	30 秒	+0.6mph，如：7.6		4%	
（2分钟）	60 秒	起跑速度，如：7		0%	2分钟快走或慢跑
	30 秒	同样的速度		4%	
	30 秒	+0.9mph，如：7.9		4%	
（2分钟）	60 秒	起跑速度，如：7		0%	放松
	30 秒	同样的速度		4%	
	30 秒	+1.2mph，如：8.2		4%	

第6周——第17跑

日期：_____

起跑速度：_____

PB目标：_____

平均恢复速度：_____

距离：_____

笔记：_____

_____

_____

_____

_____

第6周

第18跑——三张皇牌

谁都想以"三张皇牌"训练结束六周的训练！本训练包含两个环节，从三个方面让间歇跑更具挑战性：速度更快、坡度更大、时间更长。最后一轮挑战就包括了这三张终级"皇牌"。

第6周——第18跑

环节1

具体步骤：起跑速度为一分钟 PB 减 2mph。本环节比较长，你需要隔一组增加一次间歇跑的速度，然后在下一组把坡度提升至 4%，以提升后的速度进行训练。本环节共 8 组 60 秒间歇跑训练。

间歇	速度	你的速度	坡度	恢复（0%）
60 秒	PB-2mph，如：6		0%	1 分钟快走或慢跑
60 秒	同样的速度		4%	1 分钟快走或慢跑
60 秒	+0.3mph，如：6.3		0%	1 分钟快走或慢跑
60 秒	同样的速度		4%	1 分钟快走或慢跑
60 秒	+0.3mph，如：6.6		0%	1 分钟快走或慢跑
60 秒	同样的速度		4%	1 分钟快走或慢跑
60 秒	+0.3mph，如：6.9		0%	1 分钟快走或慢跑
60 秒	同样的速度		4%	2~3 分钟完全恢复

第6周——第18跑

环节 2

　　具体步骤：起跑速度为比上一环节的最终速度快 0.3mph。第二组保持速度不变，提高坡度。第三组保持速度和坡度不变，增加时间。以上步骤为一个循环，共三个循环。最后一个循环中速度会仅仅稍微低于你的 PB，但是你要进行坡度为 3% 的 90 秒间歇跑哦！

间歇	速度	你的速度	坡度	恢复（0%）
60 秒	上一环节的最终速度 +0.3mph，如：7.2		0%	1 分钟快走或慢跑
60 秒	同样的速度		3%	1 分钟快走或慢跑
70 秒	同样的速度		3%	1 分钟快走或慢跑
60 秒	+0.3mph，如：7.5		0%	1 分钟快走或慢跑
60 秒	同样的速度		3%	1 分钟快走或慢跑
80 秒	同样的速度		3%	1 分钟快走或慢跑
60 秒	+0.3mph，如：7.8		0%	1 分钟快走或慢跑
60 秒	同样的速度		3%	1 分钟快走或慢跑
90 秒	同样的速度		3%	放松

第6周——第18跑

日期：

起跑速度：

PB目标：

平均恢复速度：

距离：

笔记：

附录 A

饮食和健康

市场上关于饮食的书籍可能比关于健康的书要多。在一本关于健身的书里谈论这个话题比较困难，但我还是想分享一些跑步时帮助我保持结实身材的最有用的饮食小忠告。我真心相信，是跑步和健康的饮食习惯让我在过去12年里保持身材和体重基本不变。我今年35岁，用相同的测量方法我的确还是23岁那年的体重——没有开玩笑哦。这一切都归功于跑步和健康饮食的魔力。跑者终将成为能量爆棚的强者！下面我会介绍一些我亲自试验过的有神奇功效的饮食小策略。

·健康小提示·

水

水是第一位的。现在大多数人都喝水不足。我早上醒来的第一件事就是喝一杯水，然后才是喝咖啡或者其他饮料。我保证自己每天的液体摄入中一半是纯净水。建议每天喝 2.7~3.8L 水。如果当天你在进行本书的跑步训练，必须确保身体水分充足。锻炼时不忘喝水，并确保锻炼前喝过水。我个人非常喜欢喝咖啡。密歇根州的人都是大杯大杯喝咖啡的！只要你一天内别摄入过量的咖啡因，喝咖啡便没有问题，并能在跑步前为你提供天然的能量助力。

跑前与跑后饮食

如果我要在早上锻炼的话，我需要确保锻炼前的饮食是容易消化的。本书的练习具有一定的挑战性，所以不应该把血液集中于消化难以消化的食物上。想到跑前饮食，就应该想到容易消化的食物。鸡蛋、鳄梨、香蕉、麦片粥等都是很好的跑前食品，它们能在提供能量的同时又不会给胃造成负担。

很多跑者使用的一种传统方法是吃柑橘类水果。很多运动员认为柠檬酸能帮助减少锻炼后乳酸的形成。当进行剧烈性跑步，氧气的摄入跟不上身体消耗氧气的速度时，便会产生乳酸。乳酸用于促进葡萄糖的分解，为身体提供能量。这种灵巧的保护机制的副作用就是产生肌肉灼烧感，提醒你不要过度运动以免伤害肌肉。2010 年进行的一项研究《橙汁对进行有氧训练的超重中年妇女的血脂和血乳酸的改善作用》表明，橙汁能降低 27% 的血乳酸，而实验中的控制组只降低了 17%。我跑步后的小吃经常是一个橙子、一个红苹果或者一只香蕉。我们每个人的感觉不同，有的人觉得跑步后柠檬酸对胃的刺激太大。但我的感觉比较好。抛开柠檬酸不说，含橙子和西柚的碳水化合物能很好地帮助你在恢复期间补充能量。

打倒自由基

运动会让身体产生自由基，这一点无可避免。但好消息是，这些会破坏细胞和皮肤的自由基是可以消灭掉的。对于那些对化学不那么感兴趣的朋友，我可以这样简单地解释一下自由基。当分子发生共价键均裂并失去一个电子时便会形成自由基。失去了电子的分子疯狂地寻找它丢掉的电子，慢慢地变得激进起来，成了一个小偷，从距离自己最近的分子身上偷了一个电子。这时候产生连锁反应，形成越来越多的自由基，最终可能造成细胞受损。

剧烈运动和长期暴晒都会增加自由基的产生，这时候就需要抗氧化剂了。我们都听过抗氧化剂，这当然是有原因的。因为抗氧化剂能够阻止自由基的形成。维他命 A、维他命 C 等抗氧化剂能够提供一个电子给失控的自由基，让它们平静下来，同时自己又不会成为自由基，因为不论是否失去电子它们都是稳定的。所以，在饮食当中吸收大量的抗氧化剂非常重要。但是，我想提醒你，要注意抗氧化剂的来源。很多果汁和加工食品都声称富含抗氧化剂，但实际上，它们里面的大部分抗氧化剂都在处理过程中被破坏了，抗氧化效果大大降低。所以，我坚信抗氧化剂的获得需要纯天然。红苹果是我最喜爱的跑后小吃之一（注意，不是青苹果）。我钟爱红色和紫色的食物，因为这些食物富含黄烷醇、儿茶素、花青素和维他命 C 等，而它们都是很好的抗氧化剂。我喜欢把紫包菜、红浆果、红苹果片、果仁和坚果混合做成沙拉，美味、饱腹又健康。这是我最喜欢的营养餐之一，每周吃一次。

如果可以的话，我还想推荐你阅读一些有关地中海饮食的书籍。科学证明，地中海饮食是世界上最健康的，也是我个人的主要饮食标准，主要吃如野生三文鱼、橄榄油，还有其他富含蛋白质的蔬菜等。

最后，少喝酒是最好不过的了。你不一定要戒酒，但一定要少喝酒。减少酒精摄入对你的自我感觉和外表的改变是超乎你的想象的。

附录 A 关键点

- 保持水分充足是最重要的。

- 跑前避免油腻、难消化的食物。

- 水果是很棒的跑后小吃。

- 确保从蔬菜中获得大量蛋白质。

- 在饮食结构中加入富含抗氧化剂的生鲜、纯天然的食物。颜色鲜亮的水果和蔬菜往往富含抗氧化剂！

附录 B

跑步机健身答疑

锻炼成就完美，但是这并不意味着健身之路总是一帆风顺的。接下来我将会探讨一些常见的问题和困惑。

·计时——如何更好地把握时间呢？·

如果你总是把握不好时间的话，可以在笔记本或者每一个环节的表格旁边写下你的跑步时间。比如，如果你要进行 70 秒间歇跑，1 分钟恢复，然后再进行 60 秒间歇跑，你可以这样写：

0：00－1：10（间歇跑）

1：10－2：10（恢复）

2：10－3：10（间歇跑）

·速度——如果我的速度太快或者太慢该怎么办？·

本书的 PB 参考值就是用于防止这种情况发生的，但是，事情总有不顺利的时候。如果觉得起跑太快或者太慢的话，你只需要从原本速度的基础上降低或增加 0.5mph，然后逐渐接近参考值。

·坡度——由于身体原因需要改变坡度该怎么办？·

你不能因为"不喜欢"就随便改变坡度。但是，如果由于身体原因需要改变坡度的话，小幅度的调整是允许的。例如，你需要跑 5%~8% 的坡度，但是由于身体原因不能跑超过 5% 的坡度，这时，你可以把坡度调整到3%~5%。只有身体不适或者受限的人才能调整坡度！

·步行到慢跑的转变——感觉起跑速度过慢怎么办？·

一般情况下，最高速度达到 6mph 或者略低的人会感觉低于 PB 的建议速度太慢。如果你也感觉如此，只需把建议减少的速度减半。然后，当速度发生变化时，也只增加一半推荐增加的速度。这样，你就能跟其他人一样完成逐渐提高的训练了！举个例子：如果训练需要以比 PB 低 2mph 的速度开始并且每一次间歇跑速度增加 0.2mph，你可以以比 PB 低 1mph 的速度开始，每一次间歇跑速度只增加 0.1mph。这样，你就可以在保持 PB 不变的情况下不再感到速度过慢了。

·混合运动——我可以继续上我最爱的自行车训练班吗？·

当然可以，我求之不得呢！我并没有要你放弃喜欢的事情。自行车训练班、瑜伽、体重控制训练班等，都是非常重要的，你应该把它们与这本书的训练结合起来。但是，如果你本来每周花五天骑自行车的话，为了完成本书的训练，你就要减少骑自行车的时间了。

不跑步的日子一定要保持运动的多样性。总是去同一个地方做同样的事情，即使是很有趣的事情，也是不好的。我是个跑步狂，而且从事着和跑步有关的工作，但是我也会选择平衡自己的健身生活。说实话，我并不是很喜欢瑜伽，但我还是每周都会做，因为我知道瑜伽对身体有益。在同一家健身房里我骑自行车、游泳、做力量训练，还参加魔鬼划船训练班。跑步是我认为最有效，同时也是我最喜爱的运动，但其他的运动帮助我保持均衡、结实、灵活，让我不断地学习新的内容。这一点对于长远的健康生活来说是非常重要的。

·要参加比赛了——我可以继续做书中的训练吗？·

绝对可以！虽然这不是比赛训练专用书，但是很多跑者对我说，书中的训练使他们在户外跑步比赛中的成绩取得了惊人的突破。如果你要进行户外跑步比赛的话，可以尝试以下两种方法：第一，如果你居住的地方的气候或天气会让你错失户外跑步的宝贵时间，本书的跑步机训练能帮你在室内训练，为冰霜融化后的户外训练做好准备；第二，对于长跑项目来说，本书的训练是很好的速度练习。很多长跑项目都会计算起跑速度，而很多选手觉得书中的训练提高了这一项的成绩。

此外，很多跑步初学者使用过书中的训练方法后，体能、力量都明显增强，对自己的第一次 5 公里长跑充满信心。

致　谢

感谢联合艺人经纪公司的杰·祖雷斯（Jay Sures）、马克思·斯塔布菲尔德（Max Stubblefield）和娜塔莎·波路奇（Natasha Bolouki）对我梦想的支持，谢谢你们从我的声音中听到我的潜力；感谢迪欧福公司的凯伦·卡玛兹·鲁迪（Caryn Karmatz Rudy）和亚当斯传媒的布兰登·奥尼尔（Brendan O'Neill），感谢你们对我的第一本书所付出的学识、耐心与关怀。我还要感谢 Equinox 健身俱乐部，你们是真正的健康创新事业的先驱者和领导者，谢谢你们一路的支持。你们就是未来。

感谢每一位教练和指导师，也许你们暂时没有机会撰写相关的书籍或者登上杂志封面，但你们每天都在改变着周围人的生活。我懂你们，我爱你们，你们对世界的影响无可估量。

最后，这本书献给马丁·理查德（Martin Richard）。他短暂的小生命在 2013 年波士顿马拉松赛上走到了尽头。我之前并不认识你，小男孩，但现在每当我系上鞋带，我总会想到你。我会继续带着对你的记忆，冲过生命中无数的终点线。

图书在版编目（CIP）数据

终极跑步机健身：精准跑步的乐趣 / (美) 戴维·西克著；商亚洲, 魏宁译.

-- 南昌：江西人民出版社, 2017.9

ISBN 978-7-210-09482-1

Ⅰ.①终… Ⅱ.①戴… ②商… ③魏… Ⅲ.①跑步机

—基本知识 ②跑—健身运动—基本知识 Ⅳ.①TS952.91 ②G822

中国版本图书馆CIP数据核字(2017)第128415号

THE ULTIMATE TREADMILL WORKOUT by DAVID SIIK

Copyright © 2015 by David Siik

This edition arranged with DeFiore and Company Literary Management, Inc.

through Andrew Nurnberg Associates International Limited

本书中文简体版权归属于银杏树下（北京）图书有限责任公司

版权登记号：14-2017-0319

终极跑步机健身：精准跑步的乐趣

作者：[美]戴维·西克　译者：商亚洲　魏宁　责任编辑：辛康南

出版发行：江西人民出版社　印刷：北京富达印务有限公司

720 毫米 × 1030 毫米　1/16　14 印张　字数 186 千字

2017 年 9 月第 1 版　2017 年 9 月第 1 次印刷

ISBN 978-7-210-09482-1

定价：39.80 元

赣版权登字 –01–2017–457